普通高等教育"十三五"规划教材

虚拟现实与增强现实
应用基础

娄　岩　主编

徐东雨　张志常　庞东兴　副主编

U0316249

科学出版社

北　京

内 容 简 介

本书以大量的典型案例贯穿其中,由浅入深地介绍虚拟现实与增强现实的应用。本书共分 9 章,分别为虚拟现实概述、虚拟现实的计算体系结构、虚拟现实系统的核心技术、虚拟现实系统的输入设备、虚拟现实系统的输出设备、三维数字建模与三维全景技术、三维建模软件 3ds Max、三维开发工具 Unity 3D、增强现实概述。

本书既可作为高等院校基础教学用书,也可作为虚拟技术应用研究用书,还可作为虚拟技术爱好者的参考用书。

图书在版编目(CIP)数据

虚拟现实与增强现实应用基础/娄岩主编. —北京:科学出版社,2018.8
(普通高等教育"十三五"规划教材)
ISBN 978-7-03-056398-9

Ⅰ.①虚… Ⅱ.①娄… Ⅲ.①虚拟现实-高等学校-教材 Ⅳ.①TP391.98

中国版本图书馆 CIP 数据核字(2018)第 013502 号

责任编辑:宋 丽 刘 杨 / 责任校对:张 曼
责任印制:吕春珉 / 封面设计:东方人华平面设计部

科 学 出 版 社 出版
北京东黄城根北街 16 号
邮政编码:100717
http://www.sciencep.com

三河市荣展印务有限公司 印刷
科学出版社发行 各地新华书店经销
*
2018 年 8 月第 一 版 开本:787×1092 1/16
2019 年 8 月第二次印刷 印张:18 1/2
字数:418 000

定价:60.00 元
(如有印装质量问题,我社负责调换〈荣展〉)
销售部电话 010-62136230 编辑部电话 010-62135397-2047

本书编写人员

主　编　娄　岩
副主编　徐东雨　张志常　庞东兴
参　编　刘　佳　丁　林　郑琳琳
　　　　郑　璐　曹　鹏　郭婷婷

前　言

虚拟现实与增强现实是融合多学科的信息技术，涉及众多研究和应用领域。"VR/AR+传统行业"正在引领新一轮全球科技创新的热潮。

虚拟现实与增强现实技术和人工智能、移动 GPU、互联网、大数据等信息技术一起，正在改变着人类生活的方方面面，包括娱乐、社交、旅游、设计、工作等。虚拟现实的时代大门已经开启。

2018 年 8 月教育部发布《关于狠抓新时代全国高等学校本科教育工作会议精神落实的通知》。《通知》要求，各高校要全面梳理各门课程的教学内容，淘汰"水课"、打造"金课"，合理提升学业挑战度、增加课程难度、拓展课程深度，切实提高课程教学质量。

本书融合虚拟现实与增强现实基本原理和最新技术成果，主要讲解虚拟现实与增强现实的基础理论、应用和最新进展。编者秉承打造虚拟仿真技术"金课"的理念，结合多年的教学、实践和编写经验，汲取学生们课堂反馈的意见进行编写，力求让读者在理解原理的基础上，掌握一定的虚拟现实开发技术，并对增强现实有概括性了解。

本书内容深入浅出、循序渐进、案例丰富、图文并茂，概念讲解清晰，原理通俗易懂，实例操作性强，有助于读者构建完整的虚拟现实知识体系，并且每章都对专业名词进行了详细的注释，帮助读者理解。本书的一大特点是全部三维建模和三维开发工具的案例和脚本经过严格调试，既增加了实用性，又增加了可读性和趣味性。

本书由娄岩任主编，徐东雨、张志常、庞东兴任副主编。具体编写分工如下：第 1 章由娄岩编写，第 2 章由刘佳编写，第 3 章由丁林编写，第 4 章由郑琳琳编写，第 5 章由庞东兴编写，第 6 章由徐东雨编写，第 7 章由郑璐编写，第 8 章由曹鹏编写，第 9 章由郭婷婷、张志常编写。

本书的部分观点和依据引自学界同仁（见书后参考文献），在此对他们表示深深的感谢！由于虚拟现实与增强技术的不断发展，以及编者掌握技术的局限，书中难免存在不足之处，敬请读者批评指正。

娄　岩

目　录

第1章　虚拟现实概述

 导学

内容与要求

本章主要介绍虚拟现实的基本知识、系统的分类、主要研究对象、应用领域及发展和现状。

1．虚拟现实的基本知识中要求掌握虚拟现实的定义、特征和特性、系统的组成。

2．虚拟现实系统的分类中要求掌握虚拟现实系统的4种不同类型。

3．虚拟现实技术的主要研究对象中要求了解5个基本问题。

4．虚拟现实技术的应用中要求了解虚拟现实技术的主要应用领域。

5．虚拟现实技术的发展中要求了解虚拟现实的发展历程、研究现状及发展趋势。

重点与难点

本章的重点是掌握虚拟现实的定义和特性，难点是了解虚拟现实系统和增强现实系统的组成。

虚拟现实（virtual reality，VR）技术产生于20世纪60年代，但VR一词始于80年代，其走出实验室真正活跃在人们面前是在80年代末期，而真正大量资金涌入和全面市场化却是近年来的事情。该技术涉及计算机图形学、传感器技术、动力学、光学、流体力学、人工智能及社会心理学等研究领域，是多媒体和三维技术发展的更高境界。

虚拟现实不但是一种基于可计算信息的沉浸式交互环境，同时也是一种新的高端人机交互接口。虚拟现实的目标就是实现预期的沉浸感，具体地说，就是采用以计算机技术为核心的现代高科技生成逼真的视、听、触觉一体化的特定范围的虚拟环境（virtual environment，VE），用户借助必要的设备以自然和实时的方式与虚拟环境中的对象进行交互作用、相互影响，从而产生身临其境的感受和体验。

1.1　虚拟现实的基本知识

首先，为什么要研究虚拟现实技术的问题？若未搞清楚这个问题，我们就很难有意愿深入地学习这门新兴的科学。

传统人机交互方式是指人与计算机之间的交互是通过键盘、鼠标、显示器等工具实现的。而虚拟现实是将计算科学处理对象统一看成一个计算机生成的空间（虚拟空间或虚拟环境），并将操作它的人看成这个空间的一个组成部分（man-in-the-loop）。

人与计算机空间的对象之间的交互是通过各种先进的感知技术与显示技术（即虚拟现实技术）完成的。人可以感受到虚拟环境中的对象，虚拟环境也可以感受到人对它的各种操作（类似于人与真实世界的交互方式）。

虚拟现实的概念最早是由美国人 Jaron Lanier 提出来的。虚拟说明这个世界和环境是虚拟的，是人工制造出来的，也是存在于计算机内部的。用户可以"进入"这个虚拟环境中，以自然的方式和这个环境之间进行交互。而交互是指在感知环境和干预环境中，可让用户产生置身于相应的真实环境中的虚幻感、沉浸感（immersion），即身临其境的感觉。

虚拟环境系统包括操作者、人机接口和计算机。为了解人机接口性质的改变，虚拟现实意义下的人机接口与以往研究的区别包括 3 个方面。

（1）人机接口的内容

计算机提供环境，不是数据和信息，这改变了人机接口的内容。

（2）人机接口的形式

操作者由视觉、力觉感知环境，由自然的动作操作环境，而不是由显示器、键盘、鼠标和计算机交互，这改变了人机接口的形式。

（3）人机接口的效果

虚拟环境中逼真的感知和自然力的动作，使人产生身临其境的感觉，这改变了以往人机接口的效果。虚拟现实的主要目的是实现自然人机交互，即实现一种逼真的视、听、触觉一体化的计算机生成环境。

虚拟现实的主要实现方法是借助必要的装备，实现人与虚拟环境之间的信息转换，最终实现人与环境之间的自然交互与作用。在阐述了什么是虚拟现实技术的基础上，我们将进一步给出它的定义。通常虚拟现实的定义分为狭义和广义两种。

1.1.1　虚拟现实的定义

把虚拟现实看成对虚拟想象（三维可视化）或真实三维世界的模拟。对某个特定环境真实再现后，用户通过接受和响应模拟环境的各种感官刺激，与其中虚拟的人及事物进行交互，使用户有身临其境的感觉。

如果不限定真实三维世界（如视觉、听觉等都是三维的），那些没有三维图形的世界，若模拟了真实世界的某些特征（如网络上的聊天室、MUD）等，也可称为虚拟世界、虚拟现实。

1.1.2　虚拟现实的特征和特性

1．虚拟现实的特征

（1）多感知性

多感知性指除一般计算机所具有的视觉感知外，还有听觉感知、触觉感知、运动感知，甚至还包括味觉、嗅觉、感知等。理想的虚拟现实应该具有一切人所具有的感知功能。

（2）存在感

存在感指用户感到作为主角存在于模拟环境中的真实程度。理想的模拟环境应该达到使用户难辨真假的程度。

（3）交互性

交互性指用户对模拟环境内物体的可操作程度和从环境得到反馈的自然程度。

（4）自主性

自主性指虚拟环境中的物体依据现实世界物理运动定律动作的程度。

2．虚拟现实的特性

从上述表述看，虚拟现实是可交互和沉浸的。但很少有人意识到虚拟现实还有一个特性。虚拟现实不仅是一种媒体或计算机高端接口，而且包含了解决实际问题的应用。这些应用是由虚拟现实的开发者们设计的计算机程序实现的。特定的应用程序解决特定的问题，而这种应用模拟或执行后的结果更逼真，很大程度上取决于人的想象力（imagination）。

综上所述，虚拟现实具有 3 个重要特性：沉浸感、交互性（interaction）和想象力。任何虚拟现实系统都可以用 3I 来描述其特性。其中，沉浸感与交互性是判断一个系统是否属于虚拟现实系统的关键特性。虚拟现实的 3I 特性如图 1.1 所示。

（1）沉浸感

沉浸感又称临场感，是虚拟现实最终要达到的目标。也就是说，一个虚拟现实系统的好坏，完全取决于它的沉浸感

图 1.1　虚拟现实的 3I 特性

3

实际效果。虚拟现实技术根据人类的视觉、听觉的生理心理特点，由计算机产生逼真的三维立体图像，用户通过头盔显示器（head mounted display，HMD）、数据手套（data glove）或数据衣（data suit）等交互设备，便可将自己置身于虚拟环境中，成为虚拟环境中的一员。用户与虚拟环境中各种对象的相互作用，就如同在现实世界中一样。当用户移动头部时，虚拟环境中的图像也实时地跟随变化，物体可以随着手势移动而运动，还可听到三维仿真声音。用户在虚拟环境中，有种身临其境的感觉。由图1.1可以看出，沉浸感是虚拟现实最终实现的目标，交互性和想象力是实现这一目标的基础，三者之间是过程和结果的关系。

（2）交互性

虚拟现实系统中的人机交互是一种近乎自然的交互，用户不仅可以利用计算机键盘、鼠标进行交互，而且能够通过特殊头盔、数据手套等传感设备进行交互。计算机能根据用户的头、手、眼、语言及身体的运动，来调整系统呈现的图像及声音。用户通过自身的语言、身体运动或动作等自然技能，对虚拟环境中的任何对象进行观察或操作。

（3）想象力

想象力是指在虚拟环境中，用户可以根据所获取的多种信息和自身在系统中的行为，通过联想、推理、逻辑判断等思维和构思的过程，随着系统的运行状态变化对系统运动的未来进展进行想象，以获取更多的知识，认识复杂系统深层次的运动机理和规律性。

虚拟现实具有的沉浸感、交互性、想象力，使用户能在虚拟环境中沉浸其中、超越其上、进退自如并自由交互。它强调人在虚拟系统中的主导作用，即人的感受在整个系统中最重要。因此，交互性和沉浸性这两个特性，是虚拟现实与其他相关技术（如三维动画、科学可视化及传统的多媒体图形图像技术等）最本质的区别。

1.1.3　虚拟现实系统的组成

具有 3I 特性的虚拟现实系统，其基本组成主要包括用户、跟踪器、效果产生器及实景仿真器。虚拟现实系统的基本组成如图1.2所示。

1. 效果产生器

效果产生器（effect generator）是完成人与虚拟境界硬件交互的接口装置，包括能产生沉浸感的各类输出设备，以及能测定视线方向和手指动作的输入设备。输入设备是虚拟现实系统的输入接口，其功能是检测用户输入信号，并通过传感器输入计算机。基于不同的功能和目的，输入设备的类型也有所不同，以解决多个感觉通道的交互；输出设备是虚拟现实系统的输出接口，是对输入的反馈，其功能是由计算机生产信息通过传感器发送给输出设备。

图 1.2　虚拟现实系统的基本组成

2．实景仿真器

实景仿真器（relative emulator）是虚拟现实系统的核心部分，是虚拟现实的引擎，由计算机软件、硬件系统与软件配套硬件（如图形加速卡和声卡等）组成，接收（发出）效果产生器所产生（接收）的信号。

实景仿真器工作原理是负责从输入设备中读取数据、访问与任务相关的数据库，执行任务要求的实时计算，从而更新虚拟世界的状态，并把结果反馈给输出显示设备。其软件系统是实现技术应用的关键，提供工具包和场景图，主要完成虚拟世界中对象的几何模型、物理模型、行为模型的建立和管理；三维立体声的生成、三维场景的实时渲染，数据库的建立和管理等。数据库用来存放整个虚拟世界中所有对象模型的相关信息。在虚拟世界中，场景需要实时绘制，大量的虚拟对象需要保存、调用和更新，所以需要数据库对对象模型进行分类管理。

（1）应用系统

应用系统（application）是面向具体问题的软件部分，用以描述仿真的具体内容，包括仿真的动态逻辑、结构及仿真对象之间和仿真对象与用户之间的交互关系。应用系统的内容直接取决于虚拟现实系统的应用目的。

（2）几何构造系统

几何构造系统（geometrical structural system）提供了描述仿真对象的物理特性（外形、颜色、位置）的信息。因此，虚拟现实系统中的应用系统在生成虚拟境界时，要使用和处理这些信息。

值得注意的是，不同类型的虚拟现实系统，采用的设备是不一样的。例如，沉浸式系统的主要设备包括个人计算机、头盔显示器、数据手套和头部跟踪器、屏幕、三维立体声音设备。实景仿真器用于完成虚拟世界的产生和处理功能，输入设备将用户输入的信息传递给虚拟现实系统，并允许用户在虚拟环境中改变自己的位置、视线方向和视野，也允许改变虚拟环境中虚拟物体的位置和方向，而输出设备是由虚拟现实系统把虚拟环境综合产生的各种感官信息输出给用户，使用户产生一种身临其境的逼真感。

1.2 虚拟现实系统的分类

虚拟现实已经成为未来科技发展的趋势，也将是未来发展又一个新领域。虚拟现实将为人类带来全新的视觉感受和体感认知，通过沉浸式交互让人分不清哪是现实世界、哪是虚拟世界。虚拟现实系统按其功能分为沉浸式虚拟现实系统、桌面式虚拟现实系统和分布式虚拟现实系统 3 种类型。

1.2.1 沉浸式虚拟现实系统

沉浸式虚拟现实系统是一套比较复杂的系统。沉浸式虚拟现实系统的体系结构如图 1.3 所示，它提供完全沉浸的体验，使用户有一种完全置身于虚拟世界之中的感觉。它通常采用头盔式显示器、洞穴式立体显示器等设备，把用户的视觉、听觉和其他感觉封闭起来，并提供一个新的、虚拟的感觉空间，利用空间位置跟踪定位设备、数据手套、其他手控输入设备、声音设备等，使用户产生一种完全投入并沉浸于其中的感觉，是一种较理想的虚拟现实系统。

图 1.3 沉浸式虚拟现实系统的体系结构

沉浸式虚拟现实系统采用多种输入与输出设备来营造一个虚拟的世界，并使用户沉浸于其中，同时还可以使用户与真实世界完全隔离，不受外面真实世界的影响，高度实时性。在虚拟世界中要达到与真实世界相同的感觉，如当人运动时，空间位置跟踪定位设备需及时检测到，并且经过计算机运算，输出相应的场景变化，并且这个变化必须是即时的，延迟时间要很小。这种系统的优点是用户可以完全沉浸到虚拟世界中去；缺点是系统设备价格昂贵，难以普及推广。

1．沉浸式虚拟现实系统的特点

1）高度的实时性，即用户改变头部位置时，跟踪器即时监测，输入计算机处理，快速生成相应场景。为使场景能平滑地连续显示，系统必须具备较小延迟，包括传感器延迟和计算延迟等。

2）高度的沉浸感。该系统必须是用户和真实世界完全隔离，依靠输入设备和输出设备使用户完全沉浸在虚拟环境中。

3）强大的软硬件支持。

4）良好的并行处理能力，即用户的每一个行为都和多个设备综合有关，如手指指向一个方向，会同时激活头部跟踪器、数据手套及语音识别器 3 个设备，产生 3 个事件。

5）良好的系统整合性。在虚拟环境中，硬件设备相互兼容，与软件协调一致地工作，互相作用，构成一个虚拟现实系统。

2．沉浸式虚拟现实系统的类型

常见的沉浸式虚拟现实系统包括头盔式或投影式虚拟现实系统和遥在系统。头盔式或投影式虚拟现实系统采用头盔式显示器或投影式显示系统来实现完全投入。它把现实世界与之隔离，使操作人员从听觉到视觉都能投入虚拟环境中去。遥在系统是一种远程控制形式，常用于虚拟现实技术与机器人技术相结合的系统。在网络中，当在某处的操作人员操作一个虚拟现实系统时，其结果却在很远的另一个地方发生，这种系统需要一个立体显示器和两台摄像机以生成三维图像，这种环境使操作人员有一种深度沉浸的感觉，因而在观看虚拟世界时更清晰。操作人员可以戴一个头盔式显示器，它与远程网络平台上的摄像机相连接，输入设备中的空间位置跟踪定位设备可以控制摄像机的方向和运动，甚至可以控制自动操纵臂或机械手，自动操纵臂可以将远程状态反馈给操作人员，使其可以精确地定位和操纵该自动操纵臂。一般可将其细分成 5 类。

1）头盔式虚拟现实系统。该系统采用头盔显示器实现单用户的立体视觉、听觉输出，使其完全沉浸在场景中。

2）洞穴式虚拟现实系统。该系统是基于多通道视景同步技术和立体显示技术的空间里的投影可视协同环境，可供多人参与，而且所有参与者均沉浸在一个被立体投影画面包围的虚拟仿真环境中，借助相应的虚拟现实交互设备，获得身临其境和 6 个自由度的交互感受。

3）座舱式虚拟现实系统。该系统是一个安装在运动平台上的飞机模拟座舱，用户坐在座舱内，通过操纵和显示仪表完成飞行、驾驶等操作。用户置身于一个能产生真实感受的虚拟世界里，可从"窗口"观察到外部景物的变化，感受到座舱的旋转和倾斜运动，该系统目前主要用于飞行和车辆驾驶模拟。

4）投影式虚拟现实系统。该系统采用一个或多个大屏幕投影来实现大画面的立体的视觉和听觉效果，使多个用户同时产生完全投入的感觉。

5）遥在系统。该系统可以使用户通过计算机和网络获得足够的感觉现实和交互反馈，使用户获得身临其境的感觉，并可以对现场进行遥操作。

1.2.2 桌面式虚拟现实系统

桌面式虚拟现实系统利用计算机和低级工作站进行仿真，采用立体图形、自然交互等技术，产生三维立体空间的交互场景，再利用计算机的屏幕作为观察虚拟世界的一个窗口，通过各种输入设备实现与虚拟世界的交互。

桌面式虚拟现实系统一般要求用户使用空间位置跟踪定位设备和其他输入设备，如数据手套和 6 个自由度的三维空间鼠标、操纵杆等，使用户虽然坐在监视器前，但可通过计算机屏幕观察 360°范围内的虚拟世界。在桌面式虚拟现实系统中，计算机的屏幕是用户观察虚拟世界的一个窗口，在一些虚拟现实工具软件的帮助下，用户可以在仿真过程中进行各种设计。使用的硬件设备主要是立体眼镜和一些交互设备（如数据手套、空间位置跟踪定位设备等）。立体眼镜用来观看计算机屏幕中虚拟三维场景的立体效果，它所带来的立体视觉能使用户产生一定程度的沉浸感。有时为了增强桌面式系统的效果，在桌面式系统中还可以加入专业的投影设备，以达到增大屏幕观看范围的目的。

桌面式虚拟现实系统具有以下主要特点。

1）对硬件要求极低，有时只需要计算机或增加数据手套、空间位置跟踪定位设备等。

2）缺少完全沉浸感，参与者不完全沉浸，因为即使戴上立体眼镜，用户仍然会受到周围现实世界的干扰。

3）应用比较普遍，成本低，而且它也具备了沉浸式虚拟现实系统的一些技术要求。作为开发者和应用者来说，从成本等角度考虑，采用桌面式技术往往被认为是从事虚拟现实研究工作的必经阶段。

常见的桌面式虚拟现实系统工具有全景技术软件 QuickTime VR，虚拟现实建模语言（virtual reality modeling language，VRML），网络三维互动 Cult3D、Java3D 等，以及主要用于计算机辅助设计（computer aided design，CAD）、计算机辅助制造（computer aided manufacturing，CAM）、建筑设计、桌面游戏等领域。用户通过各种输入设备便可与虚拟环境进行交互，这些外部设备包括鼠标、追踪球、力矩球等。这种系统的特点是结构简单、价格低廉、易于普及推广，缺点是缺乏真实的现实体验。桌面式虚拟现实系统的体系结构如图 1.4 所示。

图 1.4　桌面式虚拟现实系统的体系结构

桌面式虚拟现实系统虽然缺乏类似头盔显示器那样的沉浸效果，但它已经具备虚拟现实技术的要求，并兼有成本低、易于实现等特点，因此目前应用较为广泛。例如，高考结束后，学生们足不出户，利用桌面式虚拟现实系统便可参观和选择未来的大学，如虚拟实验室、虚拟教室、虚拟校园等，具体示例如图 1.5 所示。

图 1.5　桌面式虚拟现实系统示例

1.2.3　分布式虚拟现实系统

分布式虚拟现实系统是基于网络，供异地多用户同时参与的分布虚拟环境，即它可将异地的不同用户连接起来，共享一个虚拟空间，多个用户通过网络对同一虚拟世界进行观察和操作，达到共享信息、协同工作的目的。例如，异地的医学家可以通过网络对虚拟手术室中的患者进行外科手术。分布式虚拟现实系统的目标是在沉浸式虚拟现实系统的基础上，将地理上分布的多个用户或多个虚拟世界通过网络连接在一起，使每个用户同时加入一个虚拟空间里（真实感三维立体图形、立体声），通过联网的计算机与其他用户进行交互，共同体验虚拟经历，以达到协同工作的目的，它将虚拟提升到了一个更高的境界。

1. 分布式虚拟现实系统具有的特征

1）共享的虚拟工作空间。
2）伪实体的行为真实感。
3）支持实时交互、共享时钟。
4）多用户相互通信。
5）资源共享并允许网络上的用户对环境中的对象进行自然操作和观察。

2. 分布式虚拟现实系统的设计和实现应该考虑的因素

1）网络带宽的发展和现状。当用户增加时，网络延迟就会出现，带宽的需求也随之增加。

2）先进的硬件和软件设备。为了减少传输延迟、增加真实感，功能强大的硬件设备是必需的。

3）分布机制。它直接影响系统的可扩充性，常用的消息发布方法为广播、多播和单播。其中，多播机制允许不同大小的组在网上通信，为远程会议系统提供一对多、多对多的消息发布服务。

4）可靠性。在增加通信带宽和减少延迟这两个方面进行折中时，必须考虑通信的可靠性问题。但可靠性的提高往往造成传输速度的减慢，因此适可而止，才能既满足人们对可靠性的要求，又不影响传输速度。

3. 分布式虚拟现实系统的分类

根据分布式虚拟现实系统中所运行的共享应用系统的个数，可以把它分为集中式结构和复制式结构两种。

1）集中式结构是指在中心服务器上运行一个共享应用系统，该系统可以是会议代理或对话管理进程，中心服务器对多个用户的输入和输出操作进行管理，允许多个用户共享信息。集中式结构的优点是结构简单，同时，由于同步操作只在中心服务器上完成，因此比较容易实现。其缺点如下：①由于输入和输出都要对其他所有的工作站广播，所以对网络通信带宽有较高的要求；②所有的活动都要通过中心服务器来协调，当用户人数较多时，中心服务器往往会成为整个系统的瓶颈；③由于整个系统对网络延迟十分敏感，并且高度依赖于中心服务器，所以这种结构的系统稳健性不如复制式结构。

2）复制式结构是指在每个用户所在的计算机上复制中心服务器，这样每个参加者进程都有一份共享的应用系统。中心服务器接收来自于其他工作站的输入信息，并把信息传送到运行的本地应用系统中，由应用系统进行所需的计算并产生必要的输出。复制式结构的优点如下：①所需网络带宽较小；②由于每个参加者只与应用系统的局部备份进行交互，所以交互式响应效果好；③在局部主机上生成输出，简化了异种机环境下的操作。复制式结构的缺点如下：①比集中式结构复杂，在维护共享应用系统中的多个备份的信息或状态一致性方面比较困难；②需要有控制机制来保证每个用户得到相同的输入事件序列，以实现共享应用系统中所有备份的同步；③用户接收到的输出应具有一致性。

利用分布式虚拟现实系统可以创建多媒体通信、设计协作系统、实景式电子商务、网络游戏和虚拟社区应用系统。

1.3　虚拟现实技术的主要研究对象

概括地说，虚拟现实技术的研究都是围绕以下 5 个基本问题展开的。随着其应用，虚拟现实技术已渗透到人们生活的各个层面，因此也注定了虚拟现实技术必将对人类社会的发展起到积极的推动作用。

1．虚拟环境表示的准确性

为使虚拟环境与客观世界相一致，需要对其中种类繁多、构形复杂的信息做出准确、完备的描述。同时，需要研究高效的建模方法，重建其演化规律及虚拟对象之间的各种相互关系与相互作用。

2．虚拟环境感知信息合成的真实性

抽象的信息模型并不能直接为人类所感知，这就需要研究虚拟环境的视觉、听觉、力觉和触觉等感知信息的合成方法，重点解决合成信息的高保真性和实时性问题，以提高沉浸感。

3．人与虚拟环境交互的自然性

合成的感知信息实时地通过界面传递给用户，用户根据感知到的信息对虚拟环境中的事件和态势做出分析和判断，并以自然方式实现与虚拟环境的交互。这就需要研究基于非精确信息的多通道人机交互模式和个性化的自然交互技术等，以提高人机交互效率。

4．实时显示问题

尽管在理论上能够建立起高度逼真的、实时漫游的虚拟现实系统，但现在还达不到这样的水平。这种技术需要强有力的硬件条件的支撑，如速度极快的图形工作站和三维图形加速卡。目前即使是最快的图形工作站也不能产生十分逼真，同时又是实时交互的虚拟现实系统。其根本原因是引入了用户交互，需要动态生成新的图形时，就不能达到实时要求，从而不得不降低图形的逼真度以减少处理时间，这就是所谓的景物复杂度问题。

5．图形生成问题

图形生成是虚拟现实技术的重要瓶颈，虚拟现实最重要的特性是人可以在随意变化的交互控制下感受到场景的动态特性。换句话说，虚拟现实系统要求随着人的活动（位置、方向的变化）即时生成相应的图形画面。

本质上，上述 5 个问题的解决使用户能够身临其境地感知虚拟环境，从而达到探索、认识客观事物的目的。

1.4 虚拟现实技术的应用领域

虚拟现实技术的应用范围很广，涉及国防、建筑设计、工业设计、培训、医学领域等。Helsel 与 Doherty 早在 1993 年就对全世界范围内已经进行的 805 项虚拟现实研究项目做了统计，结果表明：虚拟现实技术在娱乐、教育及艺术方面的应用占据主流，达21.4%；其次是军事与航空方面，达 12.7%；医学方面占 6.13%；机器人方面占 6.21%；商业方面占 4.96%。另外，在可视化计算、制造业等方面也占相当的比重。这种格局至今未变，只是其在医学领域略有提升。下面简要介绍其部分应用。

1．医学领域

虚拟现实技术和现代医学的飞速发展及两者之间的融合，使虚拟现实技术已开始对生物医学领域产生重大影响。目前，医学领域正处于应用虚拟现实的初级阶段，其应用范围包括从建立合成药物的分子结构模型到各种医学模拟，以及进行解剖和外科手术教学等。

2．娱乐和艺术领域

丰富的感觉能力与 3D 显示环境使虚拟现实技术成为理想的视频游戏工具。由于在娱乐方面对虚拟现实的真实感要求不是太高，所以近些年来虚拟现实技术在该方面发展最为迅猛。作为传输显示信息的媒体，虚拟现实技术在未来艺术领域方面所具有的潜在应用能力也不可低估。

3．军事与航天工业领域

模拟演练一直是军事与航天工业领域中的一个重要课题，这为虚拟现实技术提供了广阔的应用前景。

4．管理工程领域

虚拟现实技术在管理工程领域也显示出了无与伦比的优越性。

5．室内设计领域

虚拟现实技术不仅是一个演示媒体，而且是一个设计工具。虚拟现实技术以视觉形式反映了设计者的思想，把构思变成看得见的虚拟物体和环境。

6．房产开发领域

随着房地产行业竞争的加剧，传统的展示手段（如平面图、表现图、沙盘、样板房等）已经远远无法满足消费者的需要。因此，房地产商只有敏锐地把握市场动向，果断启用最新的技术并迅速转化为生产力，方可以领先一步，击溃竞争对手。

7．工业仿真领域

世界上一些大型企业已经将虚拟现实技术广泛地应用到工业的各个环节，这对企业提高开发效率，加强数据采集、分析、处理能力，减少决策失误，降低企业风险起到了重要的作用。虚拟现实技术的引入，将使工业设计的手段和思想发生质的飞跃，更加符合社会发展的需要，可以说在工业设计中应用虚拟现实技术是可行且必要的。

8．文物古迹领域

利用虚拟现实技术，结合网络技术，可以将文物的展示、保护提高到一个崭新的阶段。使用虚拟现实技术可以推动文博行业更快地进入信息时代，实现文物展示和保护的现代化。

9．游戏领域

三维游戏既是虚拟现实技术的重要应用方向之一，也为虚拟现实技术的快速发展起了巨大的需求牵引作用。可以说，计算机游戏自产生以来，一直都在朝着虚拟现实的方向发展，虚拟现实技术发展的最终目标已经成为三维游戏工作者的崇高追求。随着三维技术的快速发展和软硬件技术的不断进步，在不远的将来，真正意义上的虚拟现实游戏必将为人类娱乐、教育和经济发展做出新的更大的贡献。

10. 道路桥梁领域

城市规划一直是对全新的可视化技术需求迫切的领域之一，虚拟现实技术可以广泛地应用在城市规划的各个方面，并带来切实且可观的利益。虚拟现实技术在道路桥梁、高速公路建设中也得到了应用。

11. 地理领域

应用虚拟现实技术，将三维地面模型、正射影像和城市街道、建筑物及市政设施的三维立体模型融合在一起，再现城市建筑及街区景观，用户在显示器上可以很直观地看到生动逼真的城市街道景观，可以进行诸如查询、量测、漫游、飞行浏览等一系列操作，满足数字城市技术由二维地理信息系统（geographic information system，GIS）向三维虚拟现实的可视化发展需要，为城建规划、社区服务、物业管理、消防安全、旅游交通等提供可视化空间地理信息服务。

12. 教育领域

将虚拟现实技术应用于教育领域是教育技术发展的一个飞跃。它营造了"自主学习"的环境，由传统的"以教促学"的学习方式转化为学习者通过自身与信息环境的相互作用来得到知识、技能的新型学习方式。

1.5 虚拟现实技术的发展

1.5.1 虚拟现实技术的发展历程

虚拟现实技术的发展和应用基本上可以分为3个阶段：第1阶段是20世纪50～70年代，是虚拟现实技术的探索阶段；第2阶段是20世纪80年代，是虚拟现实技术基本概念逐步形成的阶段；第3阶段是从20世纪90年代初至今，是虚拟现实技术全面发展阶段。

1. 虚拟现实技术的探索阶段

美国是虚拟现实技术研究和应用的发源地，早在1956年MortonHeileg就开发出了一个名为Sensorama的摩托车仿真器，Sensorama具有三维显示及立体声效果，能产生振动和风吹的感觉。1965年，Ivan Sutherland在篇名为《终极的显示》论文中首次提出了包括具有交互图形显示、力反馈设备及声音提示的虚拟现实系统的基本思想，从此，人们正式开始了对虚拟现实系统的研究探索历程。在虚拟现实技术发展史上一个重要的里程碑是，在 1968 年美国计算机图形学之父 Ivan Sutherlan 在哈佛大学组织开发了第一个计算机图形驱动的头盔显示器及头部位置跟踪系统。在一个完整的头盔显示系统中，用户不仅可以看到三维物体的线框图，还可以确定三维物体在空间的位置，并通过头部运动从不同视角观察三维场景的线框图。在当时的计算机图形技术水平下，Ivan Sutherlan 取得的成就是非凡的。目前，在大多数虚拟现实系统中能看到 HMD 的影子，因而，许多人认为 Ivan Sutherlan 不仅是"图形学之父"，而且是"虚拟现实技术之父"。

2．虚拟现实技术基本概念逐步形成的阶段

基于虚拟现实从 20 世纪 50～70 年代以来所取得的一系列成就，美国的 Jaron Lanier 在 80 年代初正式提出了"virtual reality"一词。80 年代，美国航空航天局（National Aeronautics and Space Administration，NASA）及美国国防部组织了一系列有关虚拟现实技术的研究，并取得了令人瞩目的研究成果，从而引起了人们对虚拟现实技术的广泛关注。这一时期出现了两个比较典型的虚拟现实系统，即 VIDEOPLACE 与 VIEW 系统。VIDEOPLACE 是由 Krueger 设计的，它是一个计算机生成的图形环境，在该环境中参与者看到本人的图像投影在一个屏幕上，通过协调计算机生成的静物属性及动体行为，可使它们实时地响应参与者的活动；VIEW 系统是美国 NASA Ames 实验中心 1985 年研制的第一个进入实际应用的虚拟现实系统，当 VIEW 系统雏形完成时，该系统使参与者以低廉的价格便可拥有"真实体验"的效果，引起了有关专家的注意。

随后，VIRW 系统又装备了数据手套、头部跟踪器等硬件设备，还提供了语音、手势等交互手段，使之成为一个名副其实的虚拟现实系统。目前，数虚拟现实系统的硬件体系结构大多由 VIEW 系统发展而来，由此可见 VIEW 系统在虚拟现实技术发展过程中的重要作用。VIEW 系统的成功对虚拟现实技术的研制者是一个很大的鼓舞，并引起了世人的极大关注。

3．虚拟现实技术全面发展阶段

在虚拟现实技术全面发展时期，虚拟现实技术从研究转向应用。20 世纪 90 年代，迅速发展的计算机硬件技术与不断改进的计算机软件系统相匹配，使基于大型数据集合的声音和图像的实时动画制作成为可能；人机交互系统的设计不断创新，新颖、实用的输入/输出设备不断地进入市场，而这些都为虚拟现实系统的发展打下了良好的基础。可以看出，正是因为虚拟现实系统极其广泛的应用领域，如娱乐、军事、航天、设计、生产制造、信息管理、商贸、建筑、医疗保险、危险及恶劣环境下的遥操作、教育与培训、信息可视化及远程通信等，所以人们对迅速发展中的虚拟现实系统的广阔应用前景充满了憧憬与兴趣。

1.5.2 虚拟现实技术的研究现状

虚拟现实是大多数发达国家在大力研究的前沿领域，它的发展速度非常迅猛。基于虚拟现实的研究主要有虚拟现实技术与虚拟现实应用两大类。在国外，在虚拟现实技术研究方面发展较好的有美国、德国、英国、日本、韩国等国家；在国内，浙江大学、北京航空航天大学、中国医科大学等单位在虚拟现实技术方面的研究工作开展得较早，成果也较多。

美国虚拟现实技术的研究水平基本上代表了国际虚拟现实技术的发展水平，它是全球研究最早、研究范围最广的国家，其研究内容几乎涉及从新概念发展（如虚拟现实的概念模型），到单项关键技术（如触觉反馈），再到虚拟现实系统的实现及应用等有关虚拟现实技术的各个方面。

欧洲的虚拟现实技术研究主要由多个国家的研究支持，英国、德国、瑞典、荷兰、西班牙等国家都积极进行了虚拟现实技术的开发与应用。其中，英国在虚拟现实技术的研究与开发的某些方面，如分布式并行处理、辅助设备（触觉反馈设备等）设计、应用研究等方面，在欧洲是领先的。而德国，以德国 FhG-IGD 图形研究所和德国计算机技术中心为代表。它主要从事虚拟世界的感知、虚拟环境的控制和显示、机器人远程控制、虚拟现实在空间领域的应用、宇航员的训练、分子结构的模拟研究等。德国的计算机图形研究所（IGD）测试平台，主要用于评估虚拟现实技术对未来系统和界面的影响，向用户和生产者提供通向先进的可视化、模拟技术和虚拟现实技术的途径。

在亚洲，日本的虚拟现实技术研究发展十分迅速，同时韩国、新加坡等国家也积极开展了虚拟现实技术方面的研究工作。在当前实用虚拟现实技术的研究与开发中，日本居于领先位置，主要致力于建立大规模虚拟现实知识库的研究。另外，在虚拟现实游戏方面的研究也做了很多工作，但其虚拟现实硬件是从美国进口的。

总之，虚拟现实是一项投资大、具有高难度的科技领域。和一些发达国家相比，我国的虚拟现实技术研究始于 20 世纪 90 年代初，相对其他国家来说起步较晚，技术上有一定的差距，但这已引起我国政府有关部门和科学家们的高度重视，他们及时根据我国的国情，制定并开展了虚拟现实技术的研究计划。与此同时，国内一些重点高等院校，已积极投入虚拟现实领域的研究工作中，并先后建立起省级和国家级虚拟仿真实验教学中心。

1.5.3 虚拟现实技术的发展趋势

实际上，虚拟现实技术可以追溯到 20 世纪 80～90 年代，当时虽然还没有消费虚拟现实产品出现，但全球很多学术机构和军方研究实验室都在研发这一尖端技术。如今，现代虚拟现实技术的出现和当初计算机从实验室里走出来，并变成消费主流的过程非常相似——消费虚拟现实产品现在不仅有了较为合理的定价，体验质量也较高。

现阶段，全球虚拟现实领域里拥有超过 20 万个开发人员，至少上千家初创公司，当然还包括提到的那些科技巨头，虚拟现实已经不再是一个空洞的概念，现在的问题是，虚拟现实什么时候能够普及。有人一开始只是个虚拟现实爱好者，之后变成了一个开发人员，最终全身心投入其中，这对于一个快速发展、进化的生态系统而言是非常重要的。

　　虚拟现实行业中很多初创公司获得了大量资金支持，用户体验的转型更是吸引了媒体的关注。实际上，真正需要关注的，是那些处于早期阶段或"潜水"的虚拟现实初创公司，以及通过借鉴那些已经获得投资或得到媒体关注的公司，更要了解在虚拟现实领域值得投资的地方在哪里。当然，给予虚拟现实行业更多"曝光度"也十分重要，这样不仅会有更多合作出现，还会有更多人愿意从事这个行业。

　　纵观虚拟现实技术的发展历程，未来虚拟现实技术的研究仍将延续"低成本、高性能"的原则，从软件、硬件两方面展开，发展方向主要归纳如下。

1．动态环境建模技术

　　虚拟环境的建立是虚拟现实技术的核心内容，动态环境建模技术的目的是获取实际环境的三维数据，并根据需要建立相应的虚拟环境模型。例如，眼动跟踪技术几乎没有技术上的瓶颈，一旦将屏幕贴近人的脸部，就可以清晰地观测到人眼部的运动，这意味着虚拟和现实可以通过虚拟现实遭遇，并进行眼神上的交流，这和现实生活中的情景无异，它还意味着人可以用眼睛操控计算机，用眼神取代输入设备。

2．实时三维图形的生成和显示技术

　　三维图形的生成技术已比较成熟，而关键是怎样"实时生成"，在不降低图形的质量和复杂程度的基础上，如何提高虚拟现实设备的分辨率，将会是一个神奇的转折点，即分辨率高到人眼无法辨别真伪，与苹果公司倡导的 Retina 概念类似。通过分辨率在 4K～8K（4096 像素×2160 像素～7600 像素×4320 像素）的设备，人们根本无法分辨出虚拟和真实世界的区别。

3．新型交互设备的研制

　　虚拟现实技术使人能够自由与虚拟世界对象进行交互，犹如身临其境，其中面部追踪是一个关键的技术节点。当面部识别技术完善到一定程度后，虚拟现实真实度会再提升一个台阶。这意味着同样的场景，如果将硬件贴近面部，便可追踪和测量到面部，哪怕是细微的变化，也就是说，人们在虚拟现实场景中的交流与在现实中的交流一样亲切和自然。

4．智能化语音虚拟现实建模

　　虚拟现实建模是一个比较繁复的过程，需要大量的时间和精力。如果将虚拟现实技

17

术与智能技术、语音识别技术结合起来，就可以很好地解决这个问题。我们对模型的属性、方法和一般特点的描述通过语音识别技术转化成建模所需的数据，然后利用计算机的图形处理技术和人工智能技术进行设计、导航及评价，将模型用对象表示出来，并且将各种基本模型静态或动态地连接起来，最终形成系统模型。人工智能一直是业界的难题，人工智能在各个领域十分有用，在虚拟世界也大有用武之地，良好的人工智能系统对减少乏味的人工劳动具有非常积极的作用。

5．分布式虚拟现实技术的展望

分布式虚拟现实技术是今后虚拟现实技术发展的重要方向。随着互联网应用的普及，一些面向互联网的数字视频特效（digital video effect，DVE）应用使位于世界各地的多个用户可以进行协同分布式虚拟现实技术工作。将分散的虚拟现实系统或仿真器通过网络连接起来，采用协调一致的结构、标准、协议和数据库，形成一个在时间和空间上互相耦合的虚拟合成环境，参与者可自由地进行交互作用。特别是在航空航天中，它的应用价值极为明显，因为国际空间站的参与国分布在世界不同区域，分布式虚拟现实训练环境不需要在各国重建仿真系统，这样不仅减少了研制经费和设备费用，而且减少了人员出差的费用及异地生活的不适。

6．"屏幕"时代的终结

目前大多数虚拟现实企业致力于消除显示器和屏幕的使用。如果成为可能，头盔显示器将允许人们在任何地方看到一个虚拟的"电视"，如在墙上、在手机屏幕上、在手掌上或在面前的空气中。由此一来，再没有必要随身携带笨重的设备，或将电视挂在墙上了。

7．需要更出色的虚拟现实开发工具

虽然开发人员可以使用现有的内容开发工具和工作流，但如果让虚拟现实能真正发展起来，必须要用更简单、更高效的方法创建出合适的虚拟现实体验，这也是大家开始投资虚拟现实开发工具和平台的原因。虚拟现实是一个新媒介，开发工具越强大，在这一领域里就更容易出现下一个"公民凯恩"、"超级马里奥兄弟"和"Microsoft Office"。

8．内容的实现

虚拟现实内容目前远没有饱和，因此竞争难度也相对较小，除了可以开发优秀的产品之外，构建新内容品牌和知识产权也将会成为新的趋势。未来，传统的游戏和内容工作室将可能被虚拟现实游戏和内容工作室所取代。不过，也不是说简单转型到虚拟现实就能获得风险投资者的青睐，优秀的产品和团队依然是至关重要的因素。

9. 虚拟现实绝不仅是娱乐或游戏

虚拟现实能带来更具沉浸感的游戏和叙事，也更容易吸引玩家和用户。它不仅适用于游戏或娱乐，这种深度沉浸感同样能在教育、医疗、设计、通信等行业领域内应用，特别在某些特殊工作中，虚拟现实能够提供逼真的视角和体验，这是过去任何一种媒介所无法实现的。可以说，虚拟现实绝不仅是一个改变游戏行业的技术，更是一个改变人类生活的技术。

10. 虚拟现实原生输入设备将改变一切

过去虚拟现实开发人员广泛使用的设备主要是头盔显示器，而没有特别的虚拟现实输入设备。不过这种现象目前发生了改变，HTC 推出了 Vive 虚拟现实头盔产品，配套了手部追踪控制器，此外 Oculus 也发布了 Oculus Touch。未来，人们可以在自己所看到的虚拟世界里，轻松地与周围环境交互。现在，越来越多的虚拟现实开发人员在探索真正的虚拟现实输入设备，这将会开启虚拟现实创造力和生产力的大门。

本 章 小 结

虚拟现实目前已经成为计算机及相关领域研究、开发和应用的焦点和热点，正在影响并改变人类的生活。本章主要介绍了虚拟现实的定义、特征、系统组成、系统分类、研究对象和应用领域等基础知识及未来发展趋势，希望通过学习本章的内容为后续章节的学习打下良好的理论基础。

【注释】

1. 反馈：又称回馈，是现代科学技术的基本概念之一。一般来讲，控制论中的反馈概念，指将系统的输出返回输入端并以某种方式改变输入，进而影响系统功能的过程，即将输出量通过恰当的检测装置返回输入端并与输入量进行比较的过程。反馈可分为负反馈和正反馈。在其他学科领域，反馈一词也被赋予了其他的含义，如传播学中的反馈、无线电工程技术中的反馈等。

2. 人机接口：人与计算机之间建立联系、交换信息的输入/输出设备的接口，这些设备包括键盘、显示器、打印机、鼠标等。

3. 传感器（transducer/sensor）：一种检测装置，能感受到被测量的信息，并能将感受到的信息，按一定规律变换成为电信号或其他所需形式的信息输出，以满足信息的传输、处理、存储、显示、记录和控制等要求。

4. 引擎（engine）：电子平台上开发程序或系统的核心组件。利用引擎，开发者可迅速建立、铺设程序所需的功能，或利用其辅助程序进行运转。一般而言，引擎是一个程序或一套系统的支持部分。常见的程序引擎有游戏引擎、搜索引擎、杀毒引擎等。

5．线框图：整合在框架层的全部 3 种要素的方法——通过安排和选择界面元素来整合界面设计；通过识别和定义核心导航系统来整合导航设计；通过放置和排列信息组成部分的优先级来整合信息设计。通过把这三者放到一个文档中，线框图可以确定一个建立在基本概念结构上的架构，同时指出视觉设计应该前进的方向。

6．渲染（render）：也称为着色，但一般将 shade 称为着色，将 render 称为渲染。因为 render 和 shade 两个词在三维软件中是截然不同的两个概念，虽然它们的功能很相似，但却有不同。shade 是一种显示方案，一般出现在三维软件的主要窗口中，其和三维模型的线框图一样，起到辅助观察模型的作用。

7．漫游：是利用 OpenGL 与编程语言（VC++）进行系统开发时实现的极其重要的功能之一，是一种对三维虚拟场景的浏览操作方式。

8．实时交互：指立刻得到反馈信息的交互。延时交互则需要经过一段时间才能得到反馈信息。

9．图形工作站：一种专门用于图形、静态图像、动态图像与视频工作的高档次专用计算机的总称。

10．同步技术：调整通信网中的各种信号，使之协同工作的技术。诸信号协同工作是通信网正常传输信息的基础。

第 2 章　虚拟现实的计算体系结构

 导学

内容与要求

本章主要介绍虚拟现实的绘制流水线、体系结构及分布式虚拟现实体系结构。

1. 绘制流水线要求掌握视觉绘制方法，以及图形绘制流水线及触觉绘制流水线出现瓶颈的原因和相应的优化方法。

2. 体系结构要求掌握基于计算机的体系结构、基于工作站的体系结构、基于移动平台的体系结构及基于一体机的体系结构。

3. 分布式虚拟现实体系结构要求了解多流水线同步及联合定位绘制流水线，掌握分布式虚拟环境。

重点与难点

本章的重点是掌握图形绘制流水线和触觉绘制流水线的原理及多用户分布式虚拟现实网络的拓扑结构，难点是了解图形绘制流水线和触觉绘制流水线的处理阶段及基于工作站虚拟现实的计算体系结构。

在虚拟现实系统中虚拟现实引擎起着至关重要的作用，在整个系统中处于核心地位。它负责整个虚拟世界的实时渲染、用户和虚拟世界的实时交互计算等功能。在智能医学仿真中，虚拟现实引擎从医学传感器、计算机断层扫描（computer tomography，CT）等输入设备中读取人体或生物的数据，访问医学模型和医学信息数据库，执行实时计算，从而不断构建或更新虚拟医学环境状态，并把结果反馈给立体输出显示设备。虚拟现实引擎生成的虚拟世界具有高度复杂性，尤其在医学仿真等大规模复杂场景中，渲染虚拟世界所需计算的数据量巨大，如中国第一例数字化女虚拟人数据集为 149.7GB。研究表明，为了实现连续平滑仿真要求以 24~30Hz（f/s，帧率）的速度显示。而为了防止用户头晕不适，至少要达到 60Hz。因此，虚拟现实引擎每间隔 16ms 就要重新构建一次虚拟世界。

在虚拟现实医学仿真过程中，要满足用户随机和多角度的对医学模型的观察和与医疗环境交互，需要不断动态创建和删除发生变化的特性，因此要求虚拟现实仿真具有较高的实时性和低延迟性。仿真的延迟，即用户动作与虚拟现实反馈之间的时间间隔。整个系统的仿真延迟是用户传感器延迟、传送延迟和计算显示一个虚拟现实新世界状态的时间的延迟之和。这要求虚拟现实引擎具有高速的处理器和图形加速能力。

低延迟和图形、触觉实时显示都要求虚拟现实引擎具有强健的计算体系结构。虚拟现实系统结构的设计中最重要的是绘制技术。

2.1 绘制流水线

在虚拟现实中，绘制（rendering）是把虚拟世界中的三维几何模型转变成二维场景展现给用户的过程。绘制流水线是指将绘制过程按照指定的次序顺序完成的操作，又称为绘制管道。绘制在虚拟现实中不仅指视觉（图形、图像），也包括其他各种感觉，如触觉。

2.1.1 视觉绘制方法

医学虚拟现实的视觉绘制方法有结构立体几何表示法、体数据表示法、多边形（三角形）网格表示法等。

1）结构立体几何表示法又称体积表示法，一个复杂的物体可以被表示为简单的基本几何体集合及它们之间的布尔运算，如交、并、差。图 2.1 为用球体和圆柱体生成 DNA 分子的双螺旋结构模型。这种方法得到的物体形状真实，同时易于修改，但物体产生和修改的算法有限。

2）体数据表示法中，体素是组成体数据的最小单位，每个体素表示了所在位置的颜色、密度等相关信息。体数据通常由核磁共振成像（magnetic resonance imaging，MRI）、CT 及超声波等仪器进行扫描得到，然后保存在三维阵列存储的一系列图像的像素点上，通过三维重建算法将体数据可视化显示。体数据表示法可以探索物体的内部结构，描述非常定性的物体，如肌肉、组织等，但存储量大，计算时间长。图 2.2 为用 CT 技术生成的脑实质的二维模型，图 2.3 显示了三维重建后的颅脑模型。

3）多边形（三角形）网格表示法是最常见的虚拟现实三维模型表示法，即物体的立体几何信息通过它们的边界面或包围面来表示，而物体的边界面可以用许多单独的多边形表示，如图 2.4 所示。这种方法也是目前最成熟的三维模型表示方法。改变多边形的数量可以调节物体细节精细程度。多边形的数量越多，物体细节越真实。如图 2.5 所示，一个女性的人物模型多边形的数量从左至右依次为 100%、20% 和 4% 的效果。单位时间内处理多边形的数量也常常作为衡量一个三维图形绘制系统处理能力的指标。本章涉及的绘制技术就是以多边形网格表示法为基础的。

图 2.1　用结构立体几何表示　　　图 2.2　脑实质二维原始图像　　　图 2.3　人颅脑的三维重建模型
法构建 DNA 分子模型

图 2.4　使用多边形网格表示法建　　　　　图 2.5　多边形数量对物体细节的影响
模的三维模型

2.1.2　图形绘制流水线

流水线技术是指把一个重复的过程分成若干子过程，每一个子过程可以与其他子过程并行执行。通过这种技术可以加速过程处理。这种工作方式与工厂的生产流水线类似，因此称为流水线工作方式。图形绘制流水线是指把图形绘制过程划分成几个阶段，并把它们指派给不同的硬件资源并行处理，用来提高图形绘制速度。

1．图形绘制流水线的各个阶段

图形绘制流水线主要分为 3 个阶段，如图 2.6 所示。

图 2.6　图形绘制流水线的 3 个阶段

第 1 阶段是应用程序阶段。它是用软件编程方法通过计算机 CPU 完成的，在高性能计算机中是由图形处理单元（graphic processing unit，GPU）完成的。GPU 又称显示芯片，是显卡中负责图像处理的运算核心，相当于 CPU 在计算机中的作用。该阶段要完成建模、加速计算、动画、人机交互响应用户输入（如鼠标、数据手套、跟踪器）等任务，以及触觉绘制流水线一些任务。这一阶段的末端需要将绘制的内容（多边形）输入几何处理阶段。这些多边形都是图元（如点、线、三角形等），最终需要在输出设备上显示出来。

第 2 阶段是几何处理阶段。几何处理阶段通过硬件实现，由几何处理引擎（geometry processing engine，GE）完成。该阶段是从三维坐标变换为二维屏幕坐标的过程，包括模型变换（坐标变换、平移、旋转和缩放等）、光照计算、场景投影、剪裁和映射。其中光照计算子阶段的作用是为了使场景具有明暗效果，根据场景中的模拟光源的类型和数目、材料纹理、光照模型、大气效果（如烟、雾等）计算模型（通常为三角形）表面颜色，增加场景的真实感。

剪裁是几何处理阶段一个重要的步骤。如果把人的视野当作一个空间的锥体，位于视锥体以内的顶点为可见的，以外的则为不可见的，会被视点去除。如图 2.7 所示，摄像机观测范围外的图形都被剪裁掉。

剪裁也可以使用遮挡剔除法，如肋骨下的脏器、口腔内侧的牙齿等。模型虽然在观察者的视野范围内，在当前时刻却不可能被看到。此时可以选择直接剔除掉这样的物体。如图 2.8 所示，被蓝色物体遮挡的部分红色物体不能显示。

图 2.7　视锥体剪裁法

图 2.8　遮挡剔除法

第 3 阶段是光栅化阶段。它是通过硬件实现的，由光栅化单元（rasterizer unitis，RU）完成。这一阶段把几何处理阶段输出的几何图形信息（坐标变换后加上了颜色和纹理等属性）转换成视频显示器需要的像素信息，即几何场景转化为图像。此阶段一个比较重要的功能是执行反走样。用离散的像素表示连续直线和区域边界引起的失真现象称为走样。如图 2.9（a）所示绘制的三角形边界出现锯齿状。用于减少或消除走样的技术称为反走样。如图 2.9（b）所示，执行反走样后，三角形边界变平滑了。反走样处理一是把图形走样的像素增加采样点，更加细分成若干子像素区域并指定相应颜色，然后加权平均以确定最终显示像素的颜色。使用的子像素增多，得到的图像质量越好，但光栅化阶段的计算量就越大，同时计算时间相对延长，减慢了绘制速度。在绘制质量和绘制时间之间需要综合考虑。

　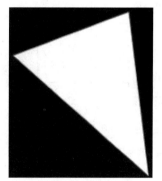

（a）绘制三角形走样效果　　　　　　　　　　（b）执行反走样后的效果

图 2.9　走样和反走样效果

2．图形绘制流水线实例

HP Visualize fx 图形卡是图形绘制流水线中硬件实现几何处理阶段和光栅化阶段的一个典型例子，如图 2.10 所示。接口芯片接收系统总线传送的 3D 数据，然后把它们发送到几何处理主板，由几何处理主板上最空闲的几何处理引擎执行相关操作，开始处理相应的三维数据，并返回结果到接口芯片。接口芯片将经过几何处理的数据发送给纹理芯片，纹理芯片负责加速纹理映射。两个纹理芯片生成透视校正结果，并把缩放后以适应几何体的纹理数据传送给光栅芯片，或存储在纹理高速缓冲存储器中。纹理高速缓冲存储器中的数据也可以被其他对象重新引用，以加快流水线处理速度。光栅化单元从纹理芯片中读取数据，把它们转换成像素信息，然后发送到帧缓冲区。最后，视频芯片把像素颜色映射成真彩色，进行数/模转换和视频同步处理，输出显示结果。

3．虚拟现实图形绘制流水线和传统图形绘制流水线的区别

传统图形绘制中每一帧的绘制过程如图 2.11 所示。虚拟现实运行的程序由于视差，

需要对左右眼看到的画面分别绘制稍有不同的图像，所以虚拟现实的图形绘制流水线需要对左右眼图像各执行一次。

图 2.10　HP Visualize fx 流水线体系结构

图 2.11　传统图形绘制过程

　　图 2.12 为传统图形绘制流水线，CPU 和 GPU 是并行处理的，以实现最高的硬件利用效率。但此方案并不适用于虚拟现实，因为虚拟现实需要较低和稳定的绘制延迟。GPU必须先完成第 $N+1$ 帧的工作，再处理第 $N+2$ 帧的工作，因而使第 $N+2$ 帧产生了较高的延迟。此外，可以发现第 N 帧、第 $N+1$ 帧和第 $N+2$ 帧的绘制延迟也是不同，一直改变的延迟会让用户产生眩晕的感觉。

　　虚拟现实图形绘制流水线如图 2.13 所示，这样确保每帧可以达到最低的延迟。CPU和 GPU 不再并行计算，虽然降低了效率，但可确保每帧实现较低和稳定的绘制延迟。在这种情况下，CPU 很容易成为虚拟现实的性能瓶颈，因为 GPU 必须等待 CPU 完成预备工作才能开始运行。所以 CPU 优化有助于减少 GPU 的闲置时间，提高性能。

图 2.12 传统图形绘制流水线

图 2.13 虚拟现实图形绘制流水线

4．图形流水线瓶颈

流水线的速度是由最慢的部分也就是瓶颈部分决定的。只有对瓶颈部分进行特殊处理，才会提高整体效率。理想流水线输出情况如图 2.14（a）所示，帧刷新率总是与场景的复杂度成反比的。如果场景的复杂度降低，则刷新率呈指数增长。例如，在单视场模式（平面视觉效果）下，场景复杂度从 10000 个多边形降低到 5000 个多边形时，刷新率从 30Hz 提高到 60Hz。如果使用同样的流水线绘制立体场景，性能也会降低一半。例如，要达到 30Hz 图像刷新率，单视场模式下一帧场景可以绘制 10000 个多边形，而立体模式只有 5000 个左右。

以 HP 9000 图形工作站一条绘制流水线为例来讨论真实情况，如图 2.14（b）所示。图中的场景复杂度低于 3000 个多边形时，单视场和立体两种模式下的曲线都接近水平状态，这是由 CPU 运行速度较慢造成的瓶颈。即使需要绘制的多边形数目很少，慢速的 CPU 也会把刷新率限制在 8～9Hz。如果流水线瓶颈出现在应用程序阶段，此时的流水线称为 CPU 限制。

流水线瓶颈决不仅出现在应用程序阶段。如果 CPU 和图形加速卡不改变，减少场景中光源的数目，降低了几何层的负载，如果绘制性能有所提高则表明瓶颈出现在几何处理阶段。这种情况下的流水线称为变换限制。如果降低屏幕分辨率或减小显示窗口的尺寸，就相应减少了需要填充的像素数。如果总的绘制性能提高，则可以确定瓶颈出现在光栅化阶段。这样的流水线称为填充限制。

图 2.14   理想流水线的输出与真实流水线的输出关于场景复杂度的函数对比

5．图形流水线优化

已知流水线中瓶颈位置后，需要采取相应的措施减少或消除绘制过程中的瓶颈，提高整体性能。这些措施称为流水线优化。

在应用程序阶段优化常采用的方法是提高 CPU 的速度，用速度较快的 CPU 取代慢速 CPU，或使用双 CPU。若不能更换当前使用的 CPU，则需要减少它的计算负载。同时在保证绘制质量的情况下可以尽量减少建模使用的多边形数目，以降低场景的复杂度。也可以通过优化仿真软件来减少应用程序阶段负载，采用编译器或编程技巧来实现。例如，编写代码时要尽少地应用除法运算。

如果流水线瓶颈出现在几何处理阶段，则需要检查分配给几何处理引擎的计算负载。虚拟场景的光照计算是一个重要的部分。可通过减少场景光源数量或更改光源类型（如用平行光源替代点光源或聚光源）等方法减少计算量。影响几何处理阶段的计算量的另一个主要因素是多边形明暗处理模式。图 2.15（a）所示为采用线框模式来表示的人的腿骨模型。线框模式来表示三维对象最为简单，只要显示多边形的可见边即可。对于这类对象，最简单的明暗处理模式是平面明暗处理，或者称为面片明暗处理，只需把对象的一个多边形（或面）内所有的像素都赋予相同的颜色，如图 2.15（b）所示。这种方法简化了几何处理阶段的计算量，但显示对象表面相邻的多边形之间颜色差异较大，看起来会出现棋盘格式的明暗效果。Gouraud 明暗处理法可以获得比较自然的物体外观，如图 2.15（c）所示。这种方法不仅对每个多边形的每个顶点赋予一组色调值，将多边形填充上比较顺滑的渐变色，并且对相交的棱边做平滑处理。这样处理出来的对象实体效果更加逼真。但是，与平面明暗处理方法相比，增加了计算量，降低了刷新率。采用恰当的明暗处理算法可以优化几何处理阶段的速度。例如，在生成预览动画效果时，对成像的速度要求要重于细致度，就可以采用平面明暗处理而不用 Gouraud 明暗处理。

（a）线框模型　　　　　　　　（b）平面明暗处理　　　　　　　（c）Gouraud 明暗处理

图 2.15　人的大腿骨模型

如果流水线的瓶颈出现在光栅化阶段，则需要通过降低屏幕的分辨率或减小显示窗口的尺寸来进行优化。但需要注意的是，有些优化技术是以降低绘制质量来提高执行速度的。如图 2.16 所示，简单化光照明模式后，显示物体的真实感下降。一个优化原则是，当最慢的阶段不能再优化时，则应尽量增加其他阶段的工作量，让其速度接近最慢的阶段。因为整个系统的速度是由最慢阶段决定的。例如，假设应用程序阶段为瓶颈，耗时 60ms，几何处理阶段和光栅化阶段耗时 30ms。那么几何处理阶段和光栅化阶段可利用这 60ms，采用更精致光照模型、更复杂的阴影、更精确的显示等来提高绘制物体的真实度。

（a）采用增量式光照明的模型显示　　　　　　（b）采用简单光照明的模型显示

图 2.16　不同光源照明对物体的显示效果

2.1.3　触觉绘制流水线

在现代医学虚拟现实仿真系统中，存在大量医疗人员或患者和对象模型的感知交互，即对象的特征与人的行为是相互作用的。为了提高对象模型的真实感，除了视觉效果外，还需要触觉来感知物体。可以通过多阶段的触觉绘制流水线描述触觉模型的过程，如图 2.17 所示。

触觉绘制流水线的第 1 阶段主要是执行碰撞检测，确定两个（或多个）虚拟对象之间是否有接触。与图形绘制流水线不同，只有发生了碰撞的对象才会在触觉绘制流水线中处理。这一阶段还包括从数据库中加载虚拟对象的物理特性，如光滑度、表面温度和质量等。

图 2.17　触觉绘制流水线的 3 个阶段

触觉绘制流水线的第 2 阶段主要是受力计算。受力计算是当用户与物体表面进行交互时，他们感觉到的反作用力。如图 2.18 所示，手指在挤压一个虚拟弹性球时，不仅要感觉到球的反作用力，还要感觉到力的变化顺序。最简单的仿真模型基于胡克定律，即物体表面变形的程度与触点压力的大小成正比。有时还涉及阻尼力和摩擦力的模型，如碰触到一面虚拟墙时要产生突然的反馈力等，它们使用户感觉到的力更加真实。力平滑和力映射也是触觉绘制流水线的第 2 阶段包括的内容。力平滑指调整力向量的方向，对力进行渐变处理来模拟与光滑的曲面表面接触时的感觉，而力映射是指把力映射成触觉显示系统的某些特性。例如，力反馈手套通常映射成一只虚拟手，在计算时就要考虑虚拟手指的几何构造。

图 2.18　虚拟球在手指触碰施力过程中的变化

触觉绘制流水线的第 3 阶段是触觉计算阶段，主要绘制仿真过程的接触反馈分量，增强了对象表面物理模型真实感，如表面温度或光滑度等，附加在力向量上，发送给触觉输出设备。

最初的也是最常用的模拟不同触觉纹理的方法是利用电信号或振动来刺激人手的相应部位。CyberTouch 力反馈手套在指尖内侧的小振动触觉传感器可产生简单的感觉，如脉动或类似的振动；也可以复合产生复杂的触觉反馈。如图 2.19 所示，医学生正通过子宫按摩虚拟现实系统进行宫底按摩训练，通过手部的力反馈手套产生的信号刺激让学生感到真实身体触觉，同时也可捕捉其按压力度，评估按摩效果。

图 2.19　子宫按摩系统中力反馈的应用

如今，触觉技术发展迅速，通过利用虚拟现实手套里气囊中空气的膨胀、收缩产生触觉；利用磁性引发电磁场变化、超声波发射器阵列改变气体压力等新技术让用户在空中也能感受到不同的材质触感。全新的触觉系统不仅能提供触觉反馈，也能提供温度反馈。由 AxonVR 公司开发的触觉系统内置了阵列制动器，包含上千个触觉和温度的"反馈点"，通过这些"反馈点"的不同温度变化能够模拟出不同物理的温度效果，如图 2.20所示。

（a）AxonVR 触觉反馈设备　　　　　　（b）接触热物体的状态　　　　　　（c）接触冷物体的状态

图 2.20　AxonVR 公司的触觉系统

2.2　体 系 结 构

近年来，计算机已经成为家庭和工作必备的电子设备，全球的产量已达到十几亿台，数量每年还在不断地增长。应用计算机支持虚拟现实的医学仿真是最普遍和实用的方式。工作站则是继计算机之后用得最多的计算设备，具有较强的信息处理功能和高性能的图形、图像处理功能。主机性能配置的提升推进了虚拟现实医疗产品的开发，也是最贴近虚拟现实概念的产品。手机等移动设备的普及也使移动端虚拟现实成为随时随地体验虚拟现实医疗最流行的平台。虚拟现实一体机近年来更是异军突起，不仅摆脱和计算机之间的线的连接，也可以集成各种医疗应用，使虚拟现实＋智能医学逐渐走入千家万户。

2.2.1 基于计算机的体系结构

虚拟现实区别于其他电子产品在医疗上的优势在于，虚拟现实可以通过广视角的头盔显示器和交互设备为医护人员和患者提供沉浸感。画面提供的视觉上仿真的冲击是虚拟现实产品的根本。但不论是 Oculus Rift 还是 HTC Vive 的头戴设备，都只是一个视频信息的呈现工具，要使现实画面更加细腻、更加流畅，则需要一台显卡和 CPU 功能足够强大的计算机。

著名的显卡生产公司 NVIDIA 为此提出了新的计划——GeForce GTX VR Ready（最佳虚拟现实环境体验计划）。这项计划由 NVIDIA 与其他硬件厂商合作为用户提供符合虚拟现实的计算机配置。显卡推荐 NVIDIA GTX 970 或 AMD R9 290 或更高，每秒能绘制过亿的 Gouraud 明暗处理多边形。VR Ready 级别显卡介于游戏级别显卡和发烧级别显卡之间。CPU 至少为英特尔（Intel）酷睿 i5 4590 或 AMD FX 4300 处理器才能运行 Oculus Rift 和 HTC Vive 设备。拥有 VR Ready 配置的计算机设备可以流畅地运行虚拟现实程序，尤其是让虚拟现实游戏玩家更方便地获得沉浸式体验。如图 2.21 所示为带有 VR Ready 标志的计算机设备。

图 2.21　带有 VR Ready 标志的计算机设备

计算机和虚拟现实交互式设备集成在一起才能构成虚拟现实引擎。图 2.22 所示为一个简单的基于计算机的虚拟现实引擎结构。将头部跟踪器连接到计算机的一个串行端口，操纵杆连接到 USB 端口，用来接收用户的输入，操纵杆还可以接收触觉反馈。头盔显示器连接到图形卡输出端口，接收系统的视频反馈。而三维声卡插在外设部件互连（peripheral component interconnect，PCI）标准总线上，用户通过带有三维声卡的耳机接收音频反馈。

医院可以应用基于计算机的虚拟现实游戏缓解疼痛。美国的一位患者因为平时血压过高，在手术时医生为她注射了少量镇静剂。在手术过程中，患者戴上虚拟现实设备一直玩一个探险游戏，监测仪器显示患者的一切生命体征参数平稳。手术完成后，患者表示几乎没有感到疼痛。研究表明，虚拟现实的沉浸感确实可以成为有效的心理止痛工具，能够让神经系统抑制疼痛感。如图 2.23 所示，患者在做医学检查时利用基于计算机的虚拟现实游戏缓解不适感。

图 2.22　基于计算机的虚拟现实引擎结构

LAN—local area network，局域网

图 2.23　患者在做医学检查时利用虚拟现实游戏缓解不适感

2.2.2 基于工作站的体系结构

相比计算机端的虚拟现实用户，医学场景的复杂度和交互性要求虚拟现实医学仿真的设计者与开发者提供性能、价格适中的虚拟现实工作站。工作站使用了超级（多处理器）体系结构，具有更强大的计算能力、更大的磁盘空间和更快的通信形式。工作站多采用多任务的 UNIX 操作系统，再配以高端的图形加速器来开发虚拟现实系统，很容易满足虚拟现实系统实时性的特性。例如，一个 CPU 实时地绘制图形流水线，同时另一个 CPU 专门处理用户交互活动。

1996 年，SGI 公司推出了高级并行 Infinite Reality 图形系统，其体系结构如图 2.24 所示。Infinite Reality 是 SGI 公司开发的第一个为通用工作站专门设计，用于提供复杂场景下具有稳定的 60Hz 刷新率的高质量绘制的图形系统。

图 2.24 SGI Infinite Reality 体系结构

Infinite Reality 图形系统与系统总线的通信是通过主机接口处理器（host interface processor，HIP）完成的。通过 HIP，几何分配器将图形流水线中的数据分配到 4 个几何处理引擎上。多指令多数据方案可以把数据发送到最空闲的几何处理引擎上。每个几何处理引擎都是单指令多数据的，在几何阶段的计算（变换、光照、剪裁）中并行执行。几何-光栅 FIFO 缓冲器将 4 个几何处理引擎输出流以正确的顺序重新汇编成单个数据流，并把数据放置在一个顶点总线中，可以与 4 个光栅主板进行通信。每个光栅主板都有自己的分段产成器和存储器，这样可以将图像分割成子图像达到并行绘制的效果，并将计算后的像素发送到显示硬件，然后在 4 个低分辨率或者 1 个高分辨率显示器上显示出来。

目前，为了确保能够顺畅运行虚拟现实项目，对 3D 建模、图形绘制拥有较好的支持，工作站硬件配置最低建议包括 Quadro M5000 或 M6000 显卡和 Intel core i5 4590 或 Xeon E3-1240 v3 或更高的 CPU。日本关东医院还通过专业的医疗图像处理软件 OsiriX 开发出了一套基于虚拟现实的 3D 解剖系统，并且运行在一台搭载 Intel Xeon 处理器和 NVIDIA Quadro 专业显卡的 ThinkPad P70 移动工作站上，实现了高精度、低延时且稳定的虚拟现实效果。这套系统能通过多个传感器，捕获 CT 图像，并且渲染出 3D 模型，最终通过头盔显示器让医生得到身临其境的体验。如图 2.25 所示，医生使用这一系统来了解病灶位置，熟悉手术过程。医生们可以在较逼真的虚拟现实体验中预演手术，辅助提高手术成功率。

图 2.25　医生通过基于工作站的虚拟现实系统进行手术演练

2.2.3　基于移动平台的体系结构

移动化、便捷化、小型化是未来医学虚拟现实仿真发展的必然趋势。智能手机的高普及率和移动端 VR 眼镜的低成本，以及与计算机端设备相比较为简单的制造工艺，使基于移动平台的移动端 VR 成为现阶段最为流行的虚拟现实体验方式。

移动端虚拟现实系统是一个 VR 盒子（眼镜或头盔）与手机的结合。VR 盒子除了支撑结构，最核心的部分就是一对光学透镜。用户在手机端下载虚拟现实应用 APP，将手机插入 VR 盒子中，通过移动处理器对虚拟现实场景的绘制就可以体验虚拟现实。手机中的 GPS 可以实时获得用户位置，陀螺仪和加速度计可以获取用户的姿态。用户也可以通过蓝牙连接交互设备进行虚拟现实交互。基于移动平台的移动端虚拟现实的系统结构如图 2.26 所示。

图 2.26   基于移动平台的移动端虚拟现实的系统结构

最为廉价的移动端虚拟现实设备是 Google Cardboard，如图 2.27 所示，售价只有几美元。用户可以自己动手制作一套 VR 眼镜，以享受虚拟现实的沉浸式体验。Gear VR 是三星电子和 Facebook 旗下的虚拟现实设备公司 Oculus VR 共同推出的虚拟现实头盔，需要与三星公司的 Galaxy 系列手机设备联合使用。图 2.28 所示为悉尼的莱恩癌症中心利用 Gear VR 帮助癌症患者缓解心理压力。在患者化疗期间提供一种"分心疗法"，患者需要戴上虚拟现实设备，从内容库中选择一个体验，其中包括令人放松的旅游景点、刺激的跳伞运动、乘船穿越悉尼港及在动物园抚摸可爱的考拉等。这会使他们分心，忘记正在发生的事情，从而保持良好的精神状态。

基于移动平台的移动端虚拟现实以其低廉的价格和无线的设计吸引了许多用户，但移动处理器性能的限制、有限的电池容量、智能手机也没有专门为虚拟现实技术优化，产品体验直接取决于手机配置及屏幕清晰度等原因，导致移动端虚拟现实在画面效果和沉浸感体验上都无法与计算机端相比。

图 2.27　Google Cardboard　　　图 2.28　利用 Gear VR 为化疗患者提供"分心疗法"

2.2.4　基于一体机的体系结构

虽然基于手机的虚拟现实可以为用户带来沉浸感的虚拟现实体验，但不是所有人都愿意将自己的手机放入头盔显示器中又不想被线束缚，基于一体机体系结构的虚拟现实解决了这部分人的困扰。很多具有医疗训练和辅助医疗康复的应用也被集成到一体机中。

虚拟现实一体机是具备独立处理器的虚拟现实头盔显示器，具有独立嵌入式处理器和存储系统、输入/输出的功能。功能虽然不如外接虚拟现实头盔显示器（基于计算机或工作站）强大，但没有线的束缚，既可运行存在内置的资源，又可以通过通信模块使用蓝牙和 WiFi 连接手机或网络，运行在线 APP，自由度更高。基于一体机的虚拟现实的系统结构如图 2.29 所示。

图 2.29　基于一体机的虚拟现实的系统结构

3D 智能视觉训练一体机是一套以虚拟现实技术为主要手段的视觉健康训练系统，包含立体养眼训练、望远锻炼等功能模块。系统可以依据人眼的视觉生理特点设计特殊的动态立体场景作为训练片，当画面中的物体或动物沿远—近—远轨迹运动时，可以充分伸展晶状体，恢复睫状肌的调节功能，并可促进眼部血液循环。如图 2.30 所示，用户正通过虚拟现实一体机进行视觉康复训练。图 2.31 为视觉训练虚拟现实一体机中提供的模拟望远 3D 全景图片，可减轻视疲劳。

图 2.30　通过虚拟现实一体机进行视觉训练

图 2.31　望远训练的 3D 图片

2.3　分布式虚拟现实体系结构

分布式虚拟现实引擎指使用两个或多个绘制流水线的虚拟现实引擎。这些流水线可以同时位于一台计算机中，也可以分别位于多台协作的计算机中，或者位于集成在一个仿真系统中的多台远程计算机中。利用分布式虚拟现实引擎可以同时绘制仿真所要求的多个视图目标。分布式虚拟现实引擎多用于大屏幕的智能医学产品显示和远程医疗、远程手术中。

2.3.1　多流水线同步

在多视景显示设备中需要多台计算机协作，同步输出图像。如果不进行同步，帧刷新率不一致，就会导致系统整体的延迟，图像扭曲。在用多台 CRT 显示器联合仿真显示（图 2.32）时，若缺少垂直扫描方向上的同步，磁场互相干扰，就会导致图像闪烁，使用户产生视觉不适。

图 2.32　多台 CRT 显示器联合仿真显示

要改变上述不适，可以采用多种策略进行多流水线同步。

第 1 种方法，即软件同步法，如图 2.33（a）所示，它要求并行流水线的应用程序阶段在同一时刻开始处理新的一帧。但是，它没有考虑每条流水线的计算量可能会不同。如果图 2.33（a）中流水线 1 的计算量较小，处理速度就会快于流水线 2，先填充帧缓冲器，图像就先显示出来。

第 2 种方法如图 2.33（b）所示，对两条流水线进行软件同步和帧缓冲器交换同步（frame buffer synchronized），系统会给两个帧缓冲器发送一条垂直同步信号。流水线绘制 3D 图像前会等待垂直同步信号，当该信号到达时开始绘制一帧图像。但是垂直同步信号并不能保证绘制同步，因为如果一条流水线绘制速度较快，在下个垂直同步信号到来之前就完成了这帧的绘制，就会暂停等待下一个垂直同步信号到来才开始绘制下一帧。这样两幅图像之间就会产生偏差。

最优的方法是在综合前两种方法的基础上增加两个（或多个）监视器的视频同步（video synchronized），如图 2.33（c）所示。视频同步是将其中一个显示器作为主显示器，而其他显示器作为从显示器。主、从显示器图形卡之间通过内部视频逻辑电路连接，可确保从显示器的垂直和水平扫描线都与主显示器相同，确保了输出图像的一致性。

图 2.33　多流水线同步方法

视觉和触觉两种感觉模态也需要同步绘制才能提高真实性，如医生通过虚拟眼镜看到的是自己碰触患者的皮肤，那么触觉反馈系统就会让医生感觉到皮肤的质地效果。

视觉和触觉的同步是在应用程序阶段实现的，如图 2.34 所示。图形流水线遍历数据库的同时，触觉绘制流水线进行碰撞检测。有两种实现方法：①由主计算机上的 CPU 计算受力情况，并向接口控制器中的处理器传送力向量数据；②由触觉接口控制器中的处理器计算受力情况。这种方法需要给接口控制器提供碰撞检测信息。这两种方法都需要通过专门的接口控制器完成。

图 2.34　图形-触觉流水线同步结构

2.3.2　联合定位绘制流水线

联合定位绘制流水线系统是由一台带有多流水线图形加速卡的计算机，或者每台带一个不同的绘制流水线的多台计算机，或者它们的任意组合构成的。这类系统的目标是在价格和性能（仿真质量）之间寻求最合适的平衡。

1．多流水线图形卡

多流水线图形卡价格要低于主从计算机系统。在一台计算机中放置几个单流水线图形加速卡，每个单流水线图形卡共享同一个 CPU、主存和分享总线带宽，并连接到自己的监视器；或者是在一台计算机中使用一个多流水线图形卡。如图 2.35 所示，Wildcat Ⅱ 5110 能同时在两个显示器上独立地显示，是因为它使用了两套几何处理引擎和两套光栅化引擎。Wildcat 也可以将两个图形卡配置成输出到单显监视器，使两条图形流水线共同绘制一幅图像，加快图像显示的速度。图 2.36 是 Wildcat Ⅱ 5110 图形加速卡外观。

2．计算机集群

计算机集群是一种计算机系统，它通过一组松散集成的计算机软件或硬件连接起来，高度紧密地协作完成计算工作。在某种意义上，它们可以被看成一台计算机。目前，由数台投影仪组成的大型平铺显示设备已被广泛应用，如果想达到较高的分辨率，就需要用相同数目的图形流水线来驱动它们。之所以无法单独使用一台计算机绘制这种大型图像，是因为计算机的图形加速卡接口插槽数目有限，无法安装多个图形卡；即使主板上有足够的插槽，多个图形卡也会出现争抢总线带宽的糟糕局面，因此图形卡数目越多，吞吐量就越差。

图 2.35　Wildcat Ⅱ 5110 双流水线体系结构

图 2.36　Wildcat Ⅱ 5110 图形加速卡外观

　　可以使用性能强大的基于多流水线的工作站来绘制大型平铺显示设备，即把每条流水线分配给一个或多个显示器。依靠特殊的硬件进行图像合成，如图 2.37 所示。其缺点是工作站价格较高，而且降低了图像分辨率。也可以使用一组计算机绘制服务器，每台机器都有自己单独的存储器、I/O 设备和操作系统，都驱动一个投影仪。但在用户和应用角度看是单一系统，如图 2.38 所示。采用这种方法，每个组合区域都是以最高分辨率绘制的，能够达到整体图像高分辨率显示。

　　计算机集群必须通过高速局域网连接起来，使控制服务器能够控制输出图形的同步。通过控制服务器，计算机集群可以实现统一调度，相互协调，发挥整体计算能力。

但局域网的吞吐量成为限制集群大小的主要因素。加入集群的计算机越多，合成显示的刷新率就越低。

图 2.37　带有三投影仪的大型工作站

图 2.38　计算机集群网络结构

现阶段大型的虚拟现实系统多采用多通道环形投影屏幕，将虚拟现实应用投影到大屏幕上，投影画面经过边缘融合处理，保持整幅画面均匀一致和较高的显示分辨率。其原理如图 2.39 所示，经由多部图形工作站通过虚拟现实环形投影屏幕以网络连接进行同步工作，其所组成的集群投射组合成大尺寸、高分辨率的影像，拓展了用户的视野，满足了用户的舒适感和临场感。

北京积水潭医院的 2×2 液晶显示器拼接技术组成医学会诊系统（图 2.40），以液晶屏为载体，形成一个拥有高亮度、高清晰度、低功耗、高寿命、先进的液晶拼接幕墙显示系统，为医院医生会诊提供了清晰可靠的视频资料。

图 2.39　虚拟现实环形投影系统结构

图 2.40　用 2×2 液晶显示器拼接技术组成医学会诊系统

2.3.3　分布式虚拟环境

分布式虚拟现实（distributed VR，DVR），也称分布式虚拟环境、多用户虚拟环境、共享虚拟环境等，是指在一组以网络互联的计算机上同时运行虚拟现实系统，使处于不同地域的多个用户可以在同一虚拟世界中共享信息，进行实时交互，协同完成各种任务。分布式虚拟现实是随着网络技术的快速发展和网络普及发展起来的，特别是远程医疗的需求和发展促进了分布式虚拟现实技术的不断革新。网络分布的一个优点是使远程计算机能够比较方便地访问和参与仿真，从而使两个或多个远程用户共享一个分布式虚拟环境的多用户虚拟现实仿真成为可能。另一个显著的优点是可充分利用联网的计算机所提供的计算能力。

43

用户在分布式虚拟环境中的交互分为合作或协作。两个（或多个）用户合作依次执行给定的仿真任务，在某一时刻只有一个用户与给定的虚拟对象交互。仿真中的用户协作指的是用户可同时与给定的虚拟对象交互。

1. 两用户共享的虚拟环境

两用户共享的虚拟环境是最简单的分布式模式，如图 2.41 所示。两用户可单独使用交互设备与同一虚拟现实系统交互，用户之间通过局域网通信网络互联，进行协作或合作。在这种模式下最重要的是保证用户之间通信顺畅、状态一致。互联的网络使用 TCP/IP 协议发送单播数据包来传送消息。单播是在一个单个的发送者和一个接收者之间通过网络进行的通信，确定路由信息。TCP/IP 网络协议保证信息被传送。每台计算机都有虚拟世界的一个副本，当因用户动作而引发本地副本状态变化时，需要给另一用户发送这些变化来保证各副本之间状态的一致性。同时，本地也要实时保存系统状态，当在另一用户下线或网络堵塞的情况下，本地用户也能与虚拟系统交互。

图 2.41　两用户共享的虚拟环境

2. 多用户共享虚拟环境的网络拓扑结构

多用户共享的虚拟环境可以允许更多的参与者或异地参与者同时在给定的虚拟世界中交互。在这种情况下，虚拟现实的网络结构必须能够进行分布式处理。一种做法是把计算机客户机都连接到单服务器（中心服务器）上，如图 2.42（a）所示。客户机管理本地用户与 I/O 设备交互，执行本地图形绘制；服务器负责维护所有虚拟对象的状态和协调相互的仿真活动。而当用户在共享虚拟环境中做出动作后，其动作以单播包的形式发送给服务器，服务器根据用户与虚拟世界发生交互的范围，确定需要给哪些用户发送相应的信息。

在高速网络环境下，中心服务器的处理能力限制更多用户参与仿真，因此可以用多个互连的服务器代替中心服务器，如图 2.42（b）所示。每个服务器都维护着虚拟世界的同一副本，并负责自身客户机所需的通信。信息仍然以 TCP/IP 单播模式发送。但当不同服务器之间客户机需要通信时，延迟可能会增加。

　　通过局域网连接多个用户时也可以采用点对点网络，如图 2.42（c）所示。这样，网络虚拟环境用户的数量不再受服务器的限制，也不再需要有服务器的存在。来自一个客户机的信息可以通过多播通信的方式直接发送给另一个客户机，而不需要通过中心服务器转播。多播通信可以实现一次传送所有目标节点的数据，也可以只对特定组内对象传送数据。一个用户与一部分虚拟网络交互，产生的状态变化通过 LAN 发送给网络上的其他端点。这些端点都查看这些变化信息，同时判断是否与自己相关，来决定是否响应。这种方式的缺点是如果所有的用户都下线，就无法维持虚拟世界。因此至少需要有一个用户来维持它。

　　由于在广域网（wide area network，WAN）上不是处处都支持多播通信，为了解决这个问题，多播用户也可以在广域网上相互实时通信，产生了一种混合网络模型，如图 2.42（d）所示。使用一个用于代理服务器的网络路由把多播信息打包成单播包，在网上传送给其他路由器；本地的代理服务器收到后进行解析，将信息以多播的形式发送给本地用户。

图 2.42　多用户虚拟环境拓扑结构广域网

（c）点到点局域网

（d）通过路由的混合点到点广域网

图 2.42（续）

利用分布式虚拟现实基于网络，提供异地多用户同时参与的分布式虚拟环境的特性，可以使处于不同地理位置的用户如同进入同一个真实环境中，"在一起"进行交流、学习、训练、娱乐，甚至协同完成同一件复杂产品的设计或进行同一任务的演练。分布式虚拟现实技术结合专家系统、机器人技术可以实现远程虚拟医疗。2016 年，全国首个"虚拟现实医院计划"在广州启动。在远程医疗方面，可以让远程患者的各种身体生理参数都反映在医生面前的虚拟患者身上，医疗专家们可以实时给出相应的治疗方案。在远程外科手术时，手术医生在一个虚拟患者环境中操作，远程控制给实际患者做手术的机器人的动作，如图 2.43 所示。

图 2.43　利用分布式虚拟现实技术实现远程手术

分布式虚拟环境中网络所固有的时间延迟与虚拟现实的实时性的矛盾、基于医学应用领域复杂场景运动的仿真平台的开发等诸多问题仍需进一步研究、实验和分析。

本 章 小 结

　　虚拟现实引擎的构建是医学虚拟现实开发的框架和基础。本章分析了在基于医学的虚拟现实引擎中图形绘制流水线和触觉绘制流水线的基本工作原理；讨论了基于计算机和工作站、移动平台和一体机的虚拟现实体系结构；介绍了多流水线的同步机制和联合定位绘制流水线，利用计算机集群解决多显示器的同步显示问题。最后，本章还讨论了分布式虚拟环境的网络拓扑结构及其应用。随着虚拟现实屏幕的分辨率、图像的渲染、透镜的矫正及交互等方面技术的提升和医疗中对小型化、移动化虚拟现实的需求，虚拟现实需要超强处理器、变革性的存储、显示技术及更强大的计算能力。远程医疗、远程手术的需求使支持超大规模、跨域和多维多场景信息可视化交互分析和仿真模拟的分布式虚拟现实综合集成支撑系统成为未来智能医学虚拟现实仿真研究发展的重要方向。

【注释】

　　1. 体系结构（architecture）：组件、接口、服务及其相互作用的框架。

　　2. 刷新率（refresh rate）：刷新率分为垂直刷新率和水平刷新率，一般提到的刷新率指垂直刷新率。垂直刷新率表示电子束对屏幕上的图像重复扫描的次数。也就是屏幕上的图像每秒重绘次数，以 Hz 为单位。

　　3. 体数据（volume data）：一般指定义在三维空间网格上的标量数据或向量数据。

　　4. 光源（light source）：能够发光的物体。在图形学中某个实际光源表面的实像或虚像、一个自身不发光的被照明的物体表面也可以看成一个光源。点光源指的是从其所在位置向所有的方向发射光线，光源的强度随着距离的增加而衰减。平行光源指向一个方向发射统一的平行光线，对于每一个被照射的表面，其亮度都与其光源处相同。聚光源指光线集中后射出，具有一定的定向性，通常是一个光锥。

　　5. 纹理（texture）：计算机图形学中的纹理既包括通常意义上物体表面的纹理，即使物体表面呈现凹凸不平的沟纹，也包括在物体的光滑表面上的彩色图案，通常称为花纹。纹理映射就是在物体的表面上绘制彩色的图案。

　　6. 系统总线：又称内总线（internal bus）或板级总线（board-level bus）或计算机总线（computer bus）。因为该总线用来连接计算机各功能部件而构成一个完整的计算机系统，所以称为系统总线。

　　7. 接口（interface）：在计算机各部分之间（如 CPU 与外设），计算机和计算机之间，计算机与通信系统之间的连接设备。它包括许多信息传输线及逻辑控制电路。

　　8. 透视校正（perspective correction）：采用数学运算的方式，以确保贴在物件上的部分图像会向透视的消失方向贴出正确的收敛效果，也就是让材质贴图能够正确地对齐远方的透视消失点。

9. 帧缓冲器（frame buffer）：也称为帧缓存或显存。它是屏幕所显示画面的一个直接映射。帧缓冲器的每一个存储单元对应屏幕上的一个像素，整个帧缓冲器对应一帧图像。它可以预先把需要显示的帧保存起来，当系统调用时，可以直接显示，加快画面显示速度，增加画面流畅性。

10. 真彩色（true color）：指图像中的每个像素值都分成 R、G、B 三个基色分量，每个基色分量直接决定其基色的强度，这样产生的色彩称为真彩色。

11. 瓶颈（bottleneck）：一般是指在整体中的关键限制因素。通常指一个流程中节拍最慢的环节。

12. 图形加速卡（graphics accelerator）：俗称显卡。最初，计算机进行图形数据运算和其他的数据运算都是由 CPU 来完成的，再由主板自带的数/模转换器表现出来。随着图形计算越来越复杂，为了缓解 CPU 的负担，将一部分 CPU 处理计算机图形的任务独立出来用单独的显卡处理，从而大幅度提升了计算机图形运算效率和速度，被称为图形加速卡。

13. 阻尼力（damping force）：一般是一个与振动速度大小成正比，与振动速度方向相反的力。

14. 力向量（force vector）：表示力的向量称为力向量，其具有大小与方向，可利用平行四边形定律做加法运算。

15. Gouraud 明暗处理法：为多边形的每一个顶点赋一个法向量，顶点的法向量可以通过计算所有共享该顶点的多边形的法向量（描述曲面弯曲度的矢量）平均值得到。然后计算每个顶点的光亮度，多边形内部各处的光亮度值则通过对多边形顶点的光亮度的双线性插值得到。Gouraud 处理主要是通过线性插值的方法均匀地改变每个多边形平面的亮度值，使亮度平滑过渡，从而解决相邻平面之间明暗度的不连续。

16. 映射：有照射的含义，是一个动词。在数学里，映射则是个术语，指两个元素的集之间元素相互"对应"的关系，为名词；也指"形成对应关系"这一个动作，为动词。

17. 发烧级别显卡（enthusiast graphics card）：可以满足市场上大型游戏运行和制图设计的配置要求的显卡。

18. 总线带宽（band width）：总线的数据传输率，是这条总线在单位时间内可以传输的数据总量。

19. RAM：random access memory 的缩写，译为随机存取存储器，又称为随机存储器，是与 CPU 直接交换数据的内部存储器，也称为主存（内存）。它可以随时读写，而且速度很快，通常作为操作系统或其他正在运行中的程序的临时数据存储媒介。

20. 英特尔酷睿（Intel core）：英特尔公司继奔腾处理器之后推出的 CPU 品牌，是一款领先节能的微架构，设计的出发点是提供卓然出众的性能和能效。

21. 工作站（work station）：一种高端的通用微型计算机。它提供了比个人计算机更强大的性能，尤其是在图形处理、任务并行方面的能力。它通常配有高分辨率的大屏、多屏显示器及容量很大的内存储器和外存储器，并且具有极强的信息和高性能的图形、图像处理功能。

22．FIFO：first input first output 的缩写，先入先出队列，这是一种传统的按序执行方法，先进入的指令先完成并引退，跟着才执行第二条指令。

23．CRT（cathode ray tube display）显示器：学名为阴极射线显像管，是一种使用阴极射线管的显示器。CRT 纯平显示器具有可视角度大、无坏点、色彩还原度高、色度均匀、可调节的多分辨率模式、响应时间极短等 LCD 显示器难以超过的优点，而且价格更便宜。

24．网络拓扑（network topology）结构：抛开网络电缆的物理连接来讨论网络系统的连接形式，是指网络电缆构成的几何形状，它能从逻辑上表示出网络服务器、工作站的网络配置和互相之间的连接。

25．TCP/IP：Transmission Control Protocol/Internet Protocol 的缩写，中译名为传输控制协议/因特网互联协议，又名网络通信协议，是 Internet 最基本的协议、Internet 国际互联网络的基础，由网络层的 IP 协议和传输层的 TCP 协议组成。TCP/IP 定义了电子设备如何连入 Internet，以及数据如何在它们之间传输的标准。

26．吞吐量：指对网络、设备、端口、虚电路或其他设施，单位时间内成功地传送数据的数量（以比特、字节、分组等测量）。

27．像素：构成数码影像的基本单元，通常以像素每英寸（pixels per inch, PPI）为单位来表示影像分辨率的大小。

第3章 虚拟现实系统的核心技术

导学

内容与要求

本章简要介绍虚拟现实系统当前流行的核心技术的分类、特点、应用，以及各种技术的原理和实现方法。

1. 三维建模技术要求掌握三种建模技术的建模特点及区别。

2. 立体显示技术要求掌握常用的几种显示技术的实现原理。

3. 真实感实时绘制技术要求掌握两种技术的实现方法。

4. 三维虚拟声音技术要求了解虚拟声音的原理、虚拟声音与传统立体声的区别、如何实现三维虚拟声音。

5. 人机交互技术要求了解当前人机交互技术的发展现状。

6. 碰撞检测技术要求掌握碰撞检测技术的技术要求及实现方法。

重点与难点

本章的重点是掌握虚拟现实系统核心技术的分类、特点、应用，难点是了解虚拟现实系统相关技术的原理和实现方法。

虚拟现实系统主要包括模拟环境、感知、自然技能和传感设备等，即由计算机生成虚拟世界，用户能够进行视觉、听觉、触觉、力觉、嗅觉、味觉等全方位交互。现阶段在计算机的运行速度达不到虚拟现实系统要求的情况下，相关技术就显得尤为重要。要生成一个三维场景，并使场景图像能随视角不同实时地显示变化，除了必需的设备外，还要有相应的技术理论相支持。随着智能医学的发展，虚拟现实技术逐步呈现与医疗型人工智能相结合的发展方向，在各个领域已有了展现。

3.1　三维建模技术

虚拟环境建模的目的在于获取实际三维环境的三维数据，并根据其应用的需要，利用获取的三维数据建立相应的虚拟环境模型。只有设计出反映研究对象的真实有效的模型，虚拟现实系统才有可信度。

虚拟现实系统中的虚拟环境，可能有下列几种情况。

1）模仿真实世界中的环境（系统仿真）。

2）人类主观构造的环境。

3）模仿真实世界中人类不可见的环境（科学可视化）。

三维建模技术一般主要指三维视觉建模技术。三维视觉建模技术可分为几何建模技术、物理建模技术、行为建模技术。

3.1.1　几何建模技术

几何建模是在虚拟环境中建立物体的形状和外观，产生实际的或想象的模型。虚拟环境中的几何模型是物体几何信息的表示，涉及表示几何信息的数据结构、相关的构造与操纵该数据结构的算法。虚拟环境中的每个物体包含形状和外观两个方面。物体的形状由构造物体的各个多边形、三角形和顶点等来确定，物体的外观则由表面纹理、颜色、光照系数等来确定。因此，用于存储虚拟环境中几何模型的模型文件应该提供上述信息。

通常几何建模可通过以下几种方式实现。

1．人工几何建模方法

1）利用虚拟现实工具软件编程进行建模，如 OpenGL、Java3D、VRML 等。这类方法主要针对虚拟现实技术的建模特点而编写，编程容易、效率较高。直接从某些商品图形库中选取所需的几何图形，可以避免直接用多边形拼构某个对象外形时烦琐的过程，也可节省大量的时间。应用 VRML 实现的城市环境的模拟如图 3.1 所示。

2）利用交互式建模软件来进行建模，如 AutoCAD、3ds Max、Maya、Autodesk 123D 等，如图 3.2 所示。用户可交互式地创建某个对象的几何图形，但并非所有要求的数据都以虚拟现实要求的形式提供，实际使用时必须通过相关程序或手工导入工具软件。

2．数字化自动建模方法

数字化自动建模方法主要是利用三维扫描仪对实际物体进行三维扫描，实现数字化自动建模。线激光手持式三维扫描仪如图 3.3 所示，该扫描仪自带校准功能，工作时将激光线照射到物体上，两个照相机来捕捉这一瞬间的三维扫描数据，由于物体表面的曲率不同，光线照射在物体上会发生反射和折射，这些信息会通过第三方软件转换为3D模型。在扫描过程中，移动扫描仪即便扫描时动作很快，也同样可以获得很好的扫描效果。

图 3.1   应用 VRML 实现的城市环境的模拟

图 3.2   应用 3ds Max 制作的人体器官模型

图 3.3   线激光手持式三维扫描仪

3.1.2　物理建模技术

物理建模是对虚拟对象的质量、重量、惯性、表面纹理（光滑或粗糙）、硬度、变形模式（弹性或可塑性）等特征的建模。物理建模是虚拟现实系统中比较高层次的建模，它需要物理学与计算机图形学配合，涉及力的反馈问题，主要是质量建模、表面变形和软硬度等物理属性的体现。分形技术和粒子系统就是典型的物理建模方法。

1. 分形技术

分形技术是指可以描述具有自相似特征的数据集。在虚拟现实系统中一般仅用于静态远景的建模。最常见的自相似例子是树，不考虑树叶的区别，树枝看起来也像一棵大树。当然，由树枝构成的树从适当的距离看时自然也是棵树。与此类似的有一棵蕨类植物，如图 3.4 所示。这种结构上的自相似称为统计意义上的自相似。自相似结构可用于复杂的不规则外形物体的建模。该技术首先被用于河流和山体的地理特征建模。举一个简单的例子，如图 3.5 所示。例如，可利用三角形来生成一个随机高度的地形模型。取三角形三边的中点并按顺序连接起来，将三角形分割成 4 个三角形，在每个中点随机赋予一个高度值，然后递归此过程，就可产生近似山体的形态。分形技术的优点是用简单的操作就可以完成复杂的不规则物体建模；缺点是计算量太大，不利于实时性。

图 3.4　蕨类植物形态

图 3.5　利用分形技术模拟山体形态

2. 粒子系统

粒子系统是一种典型的物理建模系统，它是用简单的体素完成复杂的运动建模。体素的选取决定了建模系统所能构造的对象范围。粒子系统由大量称为粒子的简单体素构成，每个粒子具有位置、速度、颜色和生命期等属性，这些属性可根据动力学计算和随机过程得到。常使用粒子系统建模的有火、爆炸、烟、水流、火花、落叶、云、雾、雪、尘、流星尾迹等。图 3.6 所示为利用粒子系统建模的烟花效果。

图 3.6 利用粒子系统建模的烟花效果

3.1.3 行为建模技术

行为建模是建立模型的行为能力，并且使模型服从一定的客观规律。虚拟现实的本质就是客观世界的仿真或折射，虚拟现实的模型则是客观世界中物体或对象的代表。而客观世界中的物体或对象除了具有表观特征（如外形、质感）以外，还具有一定的行为能力和符合客观规律。例如，把桌子上的重物移出桌面，重物不应悬浮在空中，而应当做自由落体运动。因为重物不仅具有一定外形，而且具有一定的质量并受到地球引力的作用。

作为虚拟现实自主性的特性的体现，除了对象运动和物理特性对用户行为直接反应的数学建模外，还可以建立与用户输入无关的对象行为模型。虚拟现实的自主性的特性，简单地说是指动态实体的活动、变化，以及与周围环境和其他动态实体之间的动态关系，它们不受用户的输入控制（即用户不与之交互）。例如，战场仿真虚拟环境中，直升机螺旋桨的不停旋转；虚拟场景中的鸟在空中自由地飞翔，当人接近它们时，它们要飞远等行为。

3.2 立体显示技术

立体显示是虚拟现实的关键技术之一，它使人在虚拟世界里具有更强的沉浸感，立体显示的引入可以使各种模拟器的仿真更加逼真。因此，有必要研究立体成像技术并利用现有的计算机平台，结合相应的软硬件系统在平面显示器上显示立体视景。目前，立体显示技术主要指以佩戴立体眼镜等辅助工具来观看立体影像。随着人们对观影要求的不断提高，由非裸眼式向裸眼式的技术升级成为发展重点和趋势。目前比较有代表性的技术包括双目视差显示技术（分色技术、分光技术、分时技术、光栅技术）和全息投影技术。这些技术通常以机器为主体，通过机器设备实现。

3.2.1　双目视差显示技术

由于人两眼有 4～6cm 的距离，所以实际上看物体时两只眼睛中的图像是有差别的，如图 3.7 所示。两幅不同的图像输送到大脑后，可以感到一个三维世界的深度立体变化，这就是立体显示技术原理，如图 3.7 所示。依据这个原理，如果能够让左右眼分别看到两幅在不同位置拍摄的图像，即可以从这两幅图像感受到一个立体的三维空间，结合不同的技术产生不同的立体显示技术。只要符合常规的观察角度，就产生合适的图像偏移，形成立体图像。

1. 分色技术

分色技术的基本原理是让某些颜色的光只进入左眼，另一部分颜色的光只进入右眼。人眼睛中的感光细胞共有 4 种，其中数量最多的是感觉亮度的细胞，另外 3 种用于感知颜色，分别可以感知红、绿、蓝 3 种波长的光，感知其他颜色是根据这 3 种颜色推理出来的，因此红、绿、蓝被称为光的三原色。这与美术上讲的红、黄、蓝三原色是不同的，后者是颜料的调和，而前者是光的调和。

显示器就是通过组合三原色来显示上亿种颜色的，计算机内的图像资料也大多是用三原色的方式储存的。分色技术在第一次过滤时要把左眼画面中的蓝色、绿色去除，右眼画面中的红色去除，再将处理过的这两套画面叠合起来，但不完全重叠，左眼画面要稍微偏左边一些，这样就完成了第一次过滤。第二次过滤是观众带上专用的滤色眼镜，眼镜的左边镜片为红色，右边镜片是蓝色或绿色，由于右眼画面同时保留了蓝色和绿色的信息，所以右边的镜片不管是蓝色还是绿色都是一样的。分色技术原理如图 3.8 所示。

图 3.7　立体显示技术原理

红蓝眼镜

图 3.8　分色技术原理

也有一些眼镜的右边镜片为红色，这样第一次过滤时也要对调过来，购买产品时一般都会附赠配套的滤色眼镜，因此标准不统一也不用在意。以红绿眼镜为例，红、绿两色互补，红色镜片会削弱画面中的绿色，绿色镜片削弱画面中的红色，这样就确保了两套画面只被相应的眼睛看到。准确地说是红、青两色互补，青介于绿和蓝之间，因此戴红蓝眼镜也是一样的道理，如图 3.9 所示。目前，分色技术的第一次滤色已经开始用计算机来完成了，按上述方法滤色后的片源可直接制作成 DVD 等音像制品，在任何彩色显示器上都可以播放。

（a）红蓝立体眼镜　　　　　　（b）红绿立体眼镜　　　　　　（c）棕蓝立体眼镜

图 3.9　滤色镜

2．分光技术

分光技术的基本原理是当观众戴上特制的偏光眼镜时，由于左、右两片偏光镜的偏振轴互相垂直，并与放映镜头前的偏振轴相一致，所以观众的左眼只能看到左像，右眼只能看到右像，通过双眼的汇聚功能将左、右像叠合在视网膜上，由大脑神经产生三维立体的视觉效果。图 3.10 所示为分光技术原理。

图 3.10　分光技术原理

3．分时技术

分时技术的基本原理是将两套画面在不同的时间播放，显示器在第一次刷新时播放左眼画面，同时用专用的眼镜遮住观看者的右眼，下一次刷新时播放右眼画面，并遮住观看者的左眼。按照上述方法将两套画面以极快的速度切换，在人眼视觉暂留特性的作用下就合成了连续的画面。目前，用于遮住左右眼的眼镜用的都是液晶板，因此也被称为液晶快门眼镜，早期曾用过机械眼镜。

4．光栅技术

光栅技术的基本原理是在显示器前端加上光栅，光栅的功能是挡光，让左眼透过光栅时只能看到部分的画面；右眼也只能看到另外一半的画面，于是左右眼就能看到不同影像并形成立体，此时无须佩戴眼镜。而光栅本身亦可由显示器形成，也就是由两片液晶画板重叠组合而成，当位于前端的液晶面板显示条纹状黑白画面时，即可变成立体显示器；而当前端的液晶面板显示全白的画面时，不但可以显示 3D 的影像，也可同时相容于现有 2D 的显示器。光栅 3D 显示技术原理如图 3.11 所示。

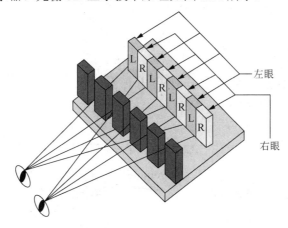

图 3.11　光栅 3D 显示技术原理

3.2.2　全息投影技术

全息投影技术是利用干涉和衍射原理记录并再现物体真实的三维图像，从而产生立体效果的一种技术。3D 全息投影技术原理是利用 3D 全息立体投影设备，而不是应用数码技术实现的。投影设备将物体以不同角度投影到 MP 全息投影膜上，让观测者看到自身视觉范围内的图像，实现了真正的 3D 全息立体影像。图 3.12 为全息投影技术原理，具体步骤如下。

第一步：利用干涉原理记录物体光波信息，即拍摄过程。被摄物体在激光辐照下形成漫射式的物光束；另一部分激光作为参考光束射到全息底片上，和物光束叠加产生干涉，把物体光波上各点的位相和振幅转换成在空间上变化的强度，从而利用干涉条纹间的反差和间隔将物体光波的全部信息记录下来。记录干涉条纹的底片经过显影、定影等处理程序后，便成为一张全息图，或称全息照片。图 3.13 为拍摄过程原理。

第二步：利用衍射原理再现物体光波信息，这是成像过程。全息图犹如一个复杂的光栅，在相干激光照射下，一张线性记录的正弦型全息图的衍射光波一般可给出两个像，即原始像和共轭像。再现的图像立体感强，具有真实的视觉效应。全息图的每一部分都记录了物体上各点的光信息，故原则上它的每一部分都能再现原物的整个图像，通过多次曝光还可以在同一张底片上记录多个不同的图像，而且能互不干扰地分别显示出来。图 3.14 为成像过程原理；图 3.15 为在一个密闭容器内将空气电离，利用激光呈现的三维影像。

图 3.12　全息投影技术原理

图 3.13　拍摄过程原理

图 3.14　成像过程原理

图 3.15 3D 全息投影

3.3 真实感实时绘制技术

要实现虚拟现实系统中的虚拟世界，仅有立体显示技术是远远不够的，虚拟现实系统还要求真实感与实时性的要求，也就是说虚拟世界的产生不仅需要真实的立体感，而且虚拟世界还必须实时生成，这就必须要采用真实感实时绘制技术。

真实感实时绘制是在当前图形算法和硬件条件限制下提出的在一定时间内完成真实感绘制的技术。真实感的含义包括几何真实感、行为真实感和光照真实感。几何真实感指与描述的真实世界中对象具有十分相似的几何外观，行为真实感指建立的对象对于观察者而言在某些意义上是完全真实的，光照真实感指模型对象与光源相互作用产生的与真实世界中亮度和明暗一致的图像。而实时的含义则包括对运动对象位置和姿态的实时计算与动态绘制，使画面更新达到人眼观察不到闪烁的程度，并且对用户的输入能立即做出反应，并产生相应场景及事件的同步。真实感实时绘制技术要求当用户的视点改变时，图形显示速度也必须跟上视点的改变速度，否则就会产生迟滞现象。

3.3.1 真实感绘制技术

真实感绘制技术是在当前图形算法和硬件条件限制下完成模型真实感的技术。其主要任务是模拟真实物体的物理属性，即物体的形状、光学性质、表面纹理和粗糙程度，以及物体间的相对位置、遮挡关系等。

为了提高显示的逼真度，加强真实性，真实感实时绘制技术常采用下列方法。

1）纹理映射：纹理映射是将纹理图像贴在简单物体的几何表面，以近似描述物体表面的纹理细节，加强真实性。实质上，它用二维的平面图像代替三维模型的局部。图 3.16 为纹理映射前后的对比图。

2）环境映射：采用纹理图像来表示物体表面的镜面反射和规则透视效果。图 3.17 为环境映射效果图。

图 3.16　纹理映射前后对比图　　　　　　　　　图 3.17　环境映射效果图

3）反走样：走样是由图像的像素性质造成的失真现象。反走样方法的实质是提高像素的密度。反走样的一种方法是以两倍的分辨率绘制图形，再由像素值的平均值计算正常分辨率的图形；另一种方法是计算每个相邻接元素对一个像素点的影响，再将其加权求和得到最终像素值。图 3.18 所示为线型反走样对比图。

图 3.18　线型反走样对比图

3.3.2　图形实时绘制技术

实时绘制技术是侧重三维场景的实时性，在一定时间内完成绘制的技术。传统的虚拟场景基本上是基于几何的，就是用数学意义上的曲线、曲面等数学模型预先定义好虚拟场景的几何轮廓，再采用纹理映射、光照等数学模型加以渲染。大多数虚拟现实系统的主要部分是构造一个虚拟环境，并从不同的方向进行漫游。要达到这个目标，首先是构造几何模型；其次应模拟虚拟摄像机六自由度的运动，并得到相应的输出画面。除了在硬件方面采用高性能的计算机，提高计算机的运行速度以提高图形显示能力外，还可以降低场景的复杂度，即降低图形系统需处理的多边形数目。降低场景复杂度的方法有以下几种。

1）预测计算：根据各种运动的方向、速率和加速度等运动规律，在下一帧画面绘制之前用预测、外推法推算出手的跟踪系统及其他设备的输入，从而减少由输入设备所带来的延迟。

2）脱机计算：在实际应用中有必要尽可能将一些可预先计算好的数据进行预先计算并存储在系统中，这样可加快需要运行时的速度。

3）3D 剪切：将一个复杂的场景划分成若干个子场景，系统针对可视空间剪切。虚拟环境在可视空间以外的部分被剪掉，这样就能有效地减少在某一时刻所需要显示的多边形数目，以减少计算工作量，从而有效降低场景的复杂度。

4）可见消隐：系统仅显示用户当前能"看见"的场景，当用户仅能看到整个场景很小部分时，系统仅显示相应场景，从而大大减少所需显示的多边形的数目。

5）细节层次模型（level of detail，LOD）：对同一个场景或场景中的物体，使用具有不同细节的描述方法得到的一组模型。在实时绘制时，对场景中不同的物体或物体的不同部分，采用不同的细节描述方法。对于虚拟环境中的一个物体，同时建立几个具有不同细节水平的几何模型。通过对场景中每个图形对象的重要性进行分析，对最重要的图形对象进行较高质量的绘制，而对不重要的图形对象采用较低质量的绘制，在保证实时图形显示的前提下，最大限度地提高视觉效果。

例如，皮克斯动画公司员工展示了一款名为 Presto 的软件，拥有基于 OpenGL 开发的细分曲面技术；可以在实时运算速度下细分十几层，让角色动作、光影微调变成实时性。其原理是基于 CPU 与 GPU 的配合，GPU 加速计算能将应用程序计算密集部分的工作负载转移到 GPU，同时仍由 CPU 运行其余程序代码。从用户的角度来看，应用程序的运行速度明显加快。以往动画制作过程中微幅调整角色表情、动作、光源位置，都需要消耗很长的重新渲染时间。然而当 GPU 演算技术导入后，不仅节省了时间、资源，更让角色的动态、材质、光影更为细腻、精致、充满艺术韵味又不失真实感，丰富了 3D 影像。图 3.19 所示为实时绘制 3D 影像。

图 3.19　实时绘制 3D 影像

3.4　三维虚拟声音技术

三维虚拟声音能够在虚拟场景中使用户准确地判断出声源的精确位置，符合人们在真实境界中的听觉方式。其技术的价值在于使用两个音箱模拟出环绕声的效果，虽然不能和真正的家庭影院相比，但是在较佳的听音位置上效果是可以接受的，其缺点是普遍对听音位置要求较高。

1. 三维虚拟声音

三维虚拟声音是在虚拟场景中能使用户准确地判断出声源精确位置、符合人们在真实境界中听觉方式的声音系统。

立体声是指具有立体感的声音。自然界发出的声音是立体声，但如果把这些立体声经记录、放大等处理后重放，所有的声音都从一个扬声器放出来，这种重放声就不是立体的了。这时由于各种声音都从同一个扬声器发出，原来的空间感消失了。这种重放声称为单声。如果从记录到重放整个系统能够在一定程度上恢复原发声的空间感，那么，这种具有一定程度的方位层次等空间分布特性的重放声，称为音响技术中的立体声。

三维虚拟声音与人们熟悉的立体声音有所不同，但就整体效果而言，立体声来自听者面前的某个平面，而三维虚拟声音则来自围绕听者双耳的一个球形中的任何地方，即声音出现在头的上方、后方或前方。虚拟声音是在双声道立体声的基础上，不增加声道和音箱，把声场信号通过电路处理后播出，使听者感到声音来自多个方位，产生仿真的立体声场。例如，战场模拟训练系统中，当听到对手射击的枪声时，就能像在现实世界中一样准确而且迅速地判断出对手的位置，如果对手在我们身后，听到的枪声就应是从后面发出的。

如图 3.20 所示，耳机中的立体声音听上去好像是从用户的头部发出来的，而真实的声音应该在头的外面。当用户戴着简易的立体声耳机时，随着用户头部的移动，小提琴的声音也跟着改变了方向。而从同一个耳机或扬声器中的三维声音则包含着重要的心理信息，这个心理信息可以改变用户的感觉，使用户相信这些三维声音真的来自于用户外面的环境。三维声音是使用头部跟踪器的数据合成的，可使虚拟小提琴在空间中的位置保持不变，因此声音听起来好像源头在外面。

2. 三维虚拟声音原理

三维虚拟声音的关键是声音的虚拟化处理，依据人的生理声学和心理声学原理专门处理环绕声道，制造出环绕声源来自听者后方或侧面的幻象感觉，应用了人耳听音原理的几种效应。

图 3.20　立体声与三维虚拟声音的对比

1）双耳效应。英国物理学家瑞利于 1896 年通过实验发现人的两只耳朵对同一声源的直达声具有时间差（0.44～0.5ms）、声强差及相位差，而人耳的听觉灵敏度可根据这些微小的差别准确判断声音的方向、确定声源的位置，但只能局限于确定前方水平方向的声源，不能解决三维空间声源的定位。

2）耳廓效应。人的耳廓对声波的反射及对空间声源具有定向作用。借此效应，可判定声源的三维位置。

3）人耳的频率滤波效应。人耳的声音定位机制与声音频率有关，对于 20～200Hz 的低音靠相位差定位，对于 300～4000Hz 的中音靠声强差定位，对于高音则靠时间差定位。据此原理可分析出重放声音中的语言、乐音的差别，经不同的处理而增加环绕感。

4）头部相关传输函数。人的听觉系统对不同方位的声音产生不同的频谱，而这一频谱特性可由头部相关传输函数（head related transfer function，HRTF）来描述。

总之，人耳的空间定位包括水平、垂直及前后 3 个方向。水平定位主要靠双耳，垂直定位主要靠耳壳，而前后定位及对环绕声场的感受靠 HRTF。虚拟杜比环绕声依据这些效应，人为制造与实际声源在人耳处一样的声波状态，使人脑在相应空间方位上产生对应的声像。

3.5 人机交互技术

在计算机系统提供的虚拟空间中，人可以使用眼睛、耳朵、皮肤、手势和语音等各种感觉方式直接与之发生交互，这就是虚拟环境下的人机自然交互技术。在虚拟相关技术中嗅觉和味觉技术的开发处于探索阶段，而恰恰这两种感觉是人对食物和外界最基础的需要。并且，随着智能移动设备的普及，人们的各种基础需求会不断得到满足。因此，气味传送或嗅觉技术的现实应用空间将会很大，也更能引起人们的兴趣。在虚拟现实领域中较为常用的交互技术主要有手势识别技术、面部表情识别技术、眼动跟踪技术及语音识别技术等。

3.5.1 手势识别技术

手势识别技术是用户可以使用简单的手势来控制或与设备交互，使计算机理解人类的行为。其核心技术为手势分割、手势分析及手势识别。在计算机科学中，手势识别可以来自人的身体各部位的运动，但一般是指脸部和手的运动。

手势识别系统的输入设备主要分为基于数据手套的识别系统和基于视觉（图像）的识别系统两种，如图 3.21 所示。基于数据手套的手势识别系统，就是利用数据手套和位置跟踪器来捕捉手势在空间运动的轨迹和时序信息，对较为复杂的手的动作进行检测，包括手的位置、方向和手指弯曲度等，并可根据这些信息对手势进行分析。基于视觉的手势识别是从视觉通道获得信号，通常采用摄像机采集手势信息。由摄像机连续拍下手部的运动图像后，先采用轮廓的办法识别手上的每一个手指，再用边界特征识别的方法区分出一个较小的、集中的各种手势。手势识别技术主要有模板匹配、人工神经网络和统计分析技术。

图 3.21 基于数据手套和基于视觉（图像）的两种手势识别系统

虚拟现实治疗（vitual reality therapy，VRT）能创造出一种多感觉环境，让大脑实现超越药物治疗效果的生物结果。最初，VRT 只被用于治疗恐惧症、抑郁症、成瘾等心理问题，不过很快它就被运用在神经康复治疗中。例如，瑞士 MindMaze 公司推出了一套虚拟现实神经康复治疗系统 MindMotionPro，如图 3.22 所示。其原理是通过虚拟现实场景来刺激患者的大脑对身体做出相应的活动，让身体慢慢地重新回到大脑的控制。虚拟现实可以模拟各种各样的运动场景，患者可以制订标准康复 10～15 倍运动量的计划，并且具有良好的趣味性，使患者忘记自己是在医院接受治疗。目前很多中风患者已经使用该平台进行康复治疗。

图 3.22　Mindmaze 公司的沉浸式治疗方式

3.5.2　面部表情识别技术

面部表情识别技术是用机器识别人类面部表情的一种技术。人可以通过脸部的表情表达自己的各种情绪，传递必要的信息。面部表情识别技术包括人脸图像的分割、主要特征（如眼睛、鼻子等）定位及识别。

一般人脸检测问题可以描述为，给定一幅静止图像或一段动态图像序列，从未知的图像背景中分割、提取并确认可能存在的人脸，如果检测到人脸，则提取人脸特征。在某些可以控制拍摄条件的场合，将人脸限定在标尺内，此时人脸的检测与定位相对容易。在另一些情况下，人脸在图像中的位置是未知的，这时人脸的检测与定位将受以下因素的影响：人脸在图像中的位置、角度和不固定尺度及光照的影响；发型、眼镜、胡须及人脸的表情变化；图像中的噪声等。

人脸检测的基本思想是建立人脸模型，比较所有可能的待检测区域与人脸模型的匹配程度，从而得到可能存在人脸的区域。

BinaryVR 是一款可以实现人脸识别虚拟现实的工具。在虚拟现实世界中，要把人脸转化成 3D 模型需要大量的建模工作，而且要实现低延时更是难上加难。而 BinaryVR 脸部识别技术则是通过将面部重要的信息点数据进行采集，快速转化成简单的 3D 模型，最后通过立体动画的形式展现给观众。虽然在虚拟场景中展现的不是真正的脸庞，但依然可以真实地传达表情和情绪。其实现原理是通过头盔显示器内置摄像机结合应用软件来实现表情追踪。即使虚拟现实头盔显示器遮住了面部，也可以使用深度摄像头"分析"出我们的脸部表情，并在建模的时候用 20 种表情完成视觉的反馈，并实时复制到游戏或动画的人物中，让主人公的神情与你神情同步，如图 3.23 所示。

图 3.23　面部表情识别技术

VIPKID 公司深度融合运用人脸识别技术实现课堂表情数据分析，优化教学方式。其原理是在教学过程中通过人脸识别、情绪识别等技术，抓取师生上课数据，对师生的表情进行分析，计算分析学生的视线关注情况。了解在有效的在线远程学习过程中，促成学生专注度形成与知识习得的关键因素，进而提高学生的关注度，提高学习效率，如图 3.24 所示。

图 3.24　VIPKID 公司通过面部识别技术量化分析学生的课堂学习表现

3.5.3　眼动跟踪技术

人们在不转动头部的情况下，仅仅通过移动视线来观察一定范围内的环境或物体。为了模拟人眼的功能，在虚拟现实系统中引入眼动跟踪技术，其原理示意图如图 3.25 所示。

图 3.25　眼动跟踪原理示意图

眼动跟踪技术利用图像处理技术，使用能锁定眼睛的特殊摄像机通过摄入从人的眼角膜和瞳孔反射的红外线连续地记录视线变化，从而达到记录、分析视线追踪过程的目的。表 3.1 归纳了目前几种主要的眼动跟踪技术及特点。

表 3.1　眼动跟踪技术

视觉追踪方法	技术特点
眼电图	带宽高，精度低，对人干扰大
虹膜-巩膜边缘	带宽高，垂直精度低，对人干扰大，误差大
角膜反射	带宽高，误差大
瞳孔-角膜反射	带宽低，精度高，对人无干扰，误差小
接触镜	带宽高，精度最高，对人干扰大，不舒适

3.5.4　语音识别技术

语音识别技术是将人说话的语音信号转换为可被计算机程序所识别的文字信息，从而识别说话者的语音指令及文字内容的技术，包括参数提取、参考模式建立和模式识别等过程。与虚拟世界进行语音交互是实现虚拟现实系统的一个高级目标。语音技术在虚拟现实中的关键是语音识别技术和语音合成技术。

1. 语音识别的方法

语音识别的方法主要是模式匹配法。

1）在训练阶段，用户将词汇表中的每个词依次说一遍，然后将其特征矢量作为模板存入模板库。

2）在识别阶段，系统将输入语音的特征矢量依次与模板库中的每个模板进行相似度比较，将相似度最高者作为识别结果输出。

2. 语音识别的主要问题

1）对自然语言的识别和理解。首先必须将连续的讲话分解为词、音素等单位，其次要建立一个理解语义的规则。

2）语音信息量大。语音模式不仅对于不同的说话人不同，对于同一说话人也是不同的。例如，一个说话者在随意说话和认真说话时的语音信息是不同的。一个人的说话方式随着时间也在变化。

3）语音的模糊性。说话者在讲话时，不同的词可能听起来是相似的。这在英语和汉语中常见。

4）单个字母或词、字的语音特性受上下文的影响，以致改变了重音、音调、音量和发音速度等。

5）环境噪声和干扰对语音识别有严重影响，致使识别率低。

随着人工智能的发展，语音识别技术在聊天机器人方面的研发和产品越来越多，并陆续推出了相关产品，如苹果 Siri、微软 Cortana 与小冰、Google Now、百度的"度秘"、亚马逊的蓝牙音箱 Amazon Echo 内置的语音助手 Alexa、Facebook 推出的语音助手 M、Siri 创始人推出的新型语音助手 Viv 等。聊天机器人技术包括几种主流的技术，其原理如下。

1）基于人工模板的技术。通过人工设定对话场景，并对每个场景写一些针对性的对话模板，模板描述了用户可能的问题及对应的答案模板。优点是精准；缺点是需要大量人工工作，而且可扩展性差，需要一个场景一个场景去扩展。目前市场上各种类似于 Siri 的对话机器人中都大量使用了人工模板的技术，主要是因为其精准性是其他方法无法比拟的。

2）基于检索技术的聊天机器人采用的是类似搜索引擎路线，首先存储好对话库并建立索引，根据用户的问句，在对话库中进行模糊匹配，找到最合适的应答内容。

3）基于机器翻译技术的聊天机器人把聊天过程比拟成机器翻译过程，也就是说将用户输入聊天信息（message），然后聊天机器人应答（response）的过程识别为把 message 翻译成 response 的过程。基于这种假设，完全可以将统计机器翻译领域里相对成熟的技术直接应用到聊天机器人开发领域中。

4）基于深度学习的聊天机器人技术是在 Encoder-Decoder 深度学习技术框架下进行改进的。使用深度学习技术来开发聊天机器人，相对传统方法来说整体思路是简单可扩展的。

Starship Commander 是一款被称为"星舰指挥官"的虚拟现实语音互动游戏。在虚拟世界中，可以像在现实生活中一样进行语音交流，自然地发表疑问、表达自己的想法，如图 3.26 所示。相比于设定好反馈模式的游戏角色，加入人工智能元素的全息指挥官能够更加智能地与玩家扮演的飞行员进行对话。玩家与非玩家角色之间更加自然的互动关系，会增强游戏体验的真实感，让玩家更好地沉浸在虚拟现实世界之中。

图 3.26　全息指挥官与玩家扮演的飞行员进行对话

3.6　碰撞检测技术

碰撞检测技术是用来检测对象甲是否与对象乙相互作用的技术。在虚拟世界中，由于用户与虚拟世界的交互及虚拟世界中物体的相互运动，物体之间经常会出现发生相碰的情况。为了保证虚拟世界的真实性，就需要虚拟现实系统能够及时检测出这些碰撞，产生相应的碰撞反应，并及时更新场景输出，否则就会发生穿透现象。正是有了碰撞检测，才可以避免诸如人穿墙而过等不真实情况的发生，以免影响虚拟世界的真实感。图 3.27 所示为虚拟现实系统中两辆车发生碰撞前后的状态。

图 3.27　虚拟现实系统中的碰撞检测技术

3.6.1 碰撞检测技术的要求和实现方法

在虚拟世界中关于碰撞，首先要检测到有碰撞的发生及发生碰撞的位置，其次是计算出发生碰撞后的反应。在虚拟世界中通常有大量的物体，并且这些物体的形状复杂，要检测这些物体之间的碰撞是一件十分复杂的事情，其检测工作量较大，同时由于虚拟现实系统中有较高实时性的要求，要求碰撞检测必须在很短的时间（如 30～50ms）完成，因而碰撞检测成了虚拟现实系统与其他实时仿真系统的瓶颈，碰撞检测技术是虚拟现实系统需研究的一个重要技术。

1．碰撞检测技术的要求

为了保证虚拟世界的真实性，碰撞检测要有较高的实时性和精确性。所谓实时性，基于视觉显示的要求，碰撞检测的速度一般至少要达到 24Hz；而基于触觉要求，速度至少要达到 300Hz 才能维持触觉交互系统的稳定性，只有达到 1000Hz 才能获得平滑的效果。精确性的要求取决于虚拟现实系统在实际应用中的要求。

2．碰撞检测技术的实现方法

最简单的碰撞检测方法是对两个几何模型中的所有几何元素进行两两相撞测试。这种方法可以得到正确的结果，但当模型的复杂度增大时，计算量过大，速度会十分缓慢，影响对两物体间的精确碰撞检测的加速实现。现有的碰撞检测算法主要可划分为层次包围盒法和空间分解法两大类。

3.6.2 碰撞检测技术在人工智能中的应用

碰撞检测和追踪技术在人工智能机器人方面越来越多被应用，图 3.28 为机器人碰撞检测技术。圣地亚哥大学的一个研究小组设计了一种更快的算法，能协助机器人利用机器学习避开障碍物；麻省理工学院的 Humatics 在开发人工智能辅助室内雷达系统，该系统能辅助机器人精确地跟踪人类活动。

图 3.28　机器人碰撞检测技术

机器人碰撞检测技术的基本原理是利用开发的 Fastron 算法使机器学习加速和简化了碰撞检测的过程。它根据机器人的配置空间（C 空间）模型对移动物体的碰撞或非碰撞进行分类，该模型只使用少量碰撞点和无碰撞点。现有的碰撞检测算法的计算量很大，因为要指定机器人的三维几何图形中的所有点，以及它们的障碍物，然后检查每一个点，以寻找两个物体之间可能发生的碰撞。当这些物体移动时，计算负荷会急剧增加。Fastron 的 C 空间模型被用作基于运动学的碰撞检测的代理。该算法将一个改变版的内核感知器学习算法与主动学习算法相结合，以减少基于运动学的碰撞检测次数。它不是检查每个点，而是检查边界附近，并将碰撞与非碰撞进行分类。它们之间的分类边界随着对象的移动而变化，因此算法会快速更新其分类方法，然后继续循环。

　　在模拟中，研究小组已经证明，代理碰撞检测可以比高效的多面体检测仪快两倍，是高效高精度碰撞检查器的八倍，而且不需要 GPU 加速或并行计算。除了在工厂的地板上使用，还有一个潜在的医学领域应用是帮助机器人手臂在手术中更安全地完成辅助任务（抽吸、冲洗或拉伸组织），同时并不妨碍外科医生自己的手臂或患者的器官。

本 章 小 结

　　虚拟现实是由计算机产生，通过视觉、听觉、触觉等作用，使用户产生身临其境感觉的交互式视景仿真，具有多感知性、存在感、交互性和自主性等特征。本章阐述了虚拟现实系统核心技术的分类、特点及应用。重点介绍了三维建模、立体显示、真实感实时绘制、三维虚拟声音、人机自然交互及碰撞检测几种技术。本章的学习要点是各种技术的原理和实现方法，以及一些技术在智能医学领域的应用。从虚拟现实技术的发展历程来看，虚拟现实技术在今后的发展过程中依然会遵循"低成本、高性能"的原则，主要的发展方向为动态环境建立技术、实时三维图像生成与显示、研制新型交互设备、智能语音虚拟建模、应用大型分布式网络虚拟现实。随着虚拟现实在越来越多的领域的应用与发展，其必将给人类带来巨大的经济和社会效益。

【注释】

　　1.　曲率：针对曲线上某个点的切线方向角对弧长的转动率，通过微分来定义，表明曲线偏离直线的程度。数学上，曲率表明曲线在某一点的弯曲程度的数值。曲率越大，表示曲线的弯曲程度越大。曲率的倒数就是曲率半径。

　　2.　体素（volumepixel）：构造物体的原子单位，包含体素的立体可以通过立体渲染或者提取给定阈值轮廓的多边形等值面表现出来。

　　3.　三维扫描仪（3D scanner）：一种科学仪器，用来侦测并分析现实世界中物体或环境的形状（几何构造）与外观数据（如颜色、表面反照率等性质）。搜集到的数据常被用来进行三维重建计算，在虚拟世界中创建实际物体的数字模型。

4．景深：在摄影机镜头或其他成像器前沿能够取得清晰图像的成像所测定的被摄物体前后距离范围。

5．光栅（grating）：由大量等宽等间距的平行狭缝构成的光学器件。常用的光栅通过在玻璃片上刻出大量平行刻痕制成，刻痕为不透光部分，两刻痕之间的光滑部分可以透光，相当于一个狭缝。

6．干涉（interference）：物理学中指两列或两列以上的波在空间中重叠时发生叠加从而形成新的波形的现象。

7．振幅：振动的物理量可能达到的最大值，通常以 A 表示。它是表示振动的范围和强度的物理量。

8．OpenGL：是一个跨编程语言、跨平台的编程接口规格的专业的图形程序接口。

9．杜比：英国 R.M.Dolby 博士的中译名，他在美国设立的杜比实验室，先后发明了包括杜比降噪、杜比环绕声等多项技术，对电影音响和家庭音响产生了巨大的影响。家庭中经常用到的杜比技术主要包括杜比降噪和杜比环绕声。

10．生理声学：声学的分支，主要研究声音在人和动物中引起的听觉过程、机理和特性，也包括人和动物的发声。

11．心理声学（psychoacoustics）：研究声音和它引起的听觉之间关系的一门边缘学科。心理声学是指"人脑解释声音的方式"。压缩音频的所有形式都是用功能强大的算法将人们听不到的音频信息去掉。

12．声强差：如果一个声音来自听者正前方的中轴线上，那么，到达双耳的声音大小是一样的，于是听者就觉得这个声音处在前方；倘若声音来自听者的左侧，听者就觉得声源偏左。

13．模板匹配：数字图像处理的重要组成部分之一。把不同传感器或同一传感器在不同时间、不同成像条件下对同一景物获取的两幅或多幅图像在空间上对准，或根据已知模式到另一幅图中寻找相应模式的处理方法就称为模板匹配。

14．人工神经网络（artificial neural network, ANN）：从信息处理角度对人脑神经元网络进行抽象，建立某种简单模型，按不同的连接方式组成不同的网络。在工程与学术界也常直接简称为神经网络或类神经网络。

15．统计分析：运用统计方法及与分析对象有关的知识，从定量与定性的结合上进行的研究活动。它是继统计设计、统计调查、统计整理之后的一项十分重要的工作，是在前几个阶段工作的基础上通过分析从而达到对研究对象更为深刻的认识的目的。

16．Encoder-Decoder：Encoder-Decoder 模型又称为编码-解码模型。这是一种应用于 seq2seq 问题的模型。

17．包围盒法：将物体简化为多面体或球体，通过计算两个待测实体中心点的距离与它们半径之和的关系，来判定两物体是否可能碰撞。

18．空间分解法：包含实体的空间划分为多个子空间，子空间中的实体按照一定顺序进行排列，碰撞检测只限制在某个子空间中进行。

第4章 虚拟现实系统的输入设备

 导学

内容与要求

本章主要介绍虚拟现实的定位追踪、跟踪器的定义和主要性能参数，一些常用的定位追踪技术、跟踪器和输入设备。

1. 三维位置跟踪器要求理解维度的概念，掌握六自由度的概念。了解定位追踪技术包括电磁追踪技术、声波追踪技术、惯性追踪技术和光学追踪技术等。了解跟踪器的主要性能参数，包括精度、抖动、偏差和延迟。了解多种跟踪器，包括电磁跟踪器、超声波跟踪器、光学跟踪器、惯性跟踪器、GPS跟踪器和混合跟踪器。

2. 导航输入设备要求了解三维鼠标、传统手柄与动作感应手柄。

3. 手势输入设备要求理解手势接口的工作原理，掌握数据手套的传感器基本配置情况，了解数据衣的基本工作方式。

4. 体感输入设备要求理解双目视觉的手势识别设备的基本工作原理，了解双目手势识别流程和无线体感设备。

重点与难点

本章的重点是掌握跟踪器的概念、主要的跟踪技术及手势接口的工作原理，难点是了解六自由度的概念和数据手套传感器的配置情况。

输入设备是用来输入用户发出的动作，使用户可以操控一个虚拟境界。在与虚拟场景进行交互时，大量的传感器用来管理用户的行为，并将场景中的物体状态反馈给用户。为了实现人与计算机间的交互，需要使用专门设计的接口把用户命令输入给计算机，同时把模拟过程中的反馈信息提供给用户。基于不同的功能和目的，目前有很多种虚拟现实接口，以解决多个感觉通道的交互。例如，身体的运动可以由三维位置跟踪器跟踪检测；手势可以通过数据手套实时获取人手的动作姿态；在手术过程中，医生可以通过位置跟踪器解剖人体及病变组织，最大限度地减少对周围健康组织的损害。

由于传统的键盘与鼠标已满足不了虚拟现实的输入技术要求，所以需要一些新的特殊设备的支持。

4.1 三维位置跟踪器

跟踪器是指虚拟现实系统中用于测量三维对象位置和方向实时变化的专门硬件设备。跟踪器是虚拟现实中一个关键的传感设备，它的任务是检测方位与位置，并将数据报告给虚拟现实系统。例如，虚拟现实中常需要检测头部与手在三维空间中的位置和方向，一般需要跟踪 6 个不同的运动方向，即六自由度。

1．维度

维度，又称维数，指独立的时空坐标的数目。零维度空间是一个点，无限小的点，不占任何空间，点就是零维空间；当无数点集合排列之后，形成了线，直线就是一维空间；无数的线构成了一个平面，平面就是二维空间；无数的平面并列构成了三维空间，也就是立体的空间。三维是指在平面二维系中加入了一个方向向量构成的空间，通俗地说也就是人为规定的互相垂直的 3 个方向，用这个三维坐标，可以把整个世界任意一点的位置确定下来。

三维即坐标轴的 3 个轴，即 X 轴、Y 轴、Z 轴，其中 X 轴表示左右空间，Y 轴表示上下空间，Z 轴表示前后空间，这样就形成了人的视觉立体感，三维动画就是由三维制作软件制作的立体动画。

虚拟现实是三维动画技术的延伸和拓展，它们的不同是有无互动性。除此之外，虚拟现实需要确定位置和方向，所以是六度，而三维是三度。

2．六自由度

在理论力学中，物体的自由度（degree of freedom，DOF）是确定物体的位置所需要的独立坐标数，当物体受到某些限制时，自由度减少。如果将质点限制在一条线上或一条曲线上运动，它的位置可以用一个参数表示。当质点在一个平面或曲面上运动时，位置由两个独立坐标来确定，它有两个自由度。假如质点在空间运动，位置由 3 个独立坐标来确定。物体在三维空间运动时，其具有六自由度：3 个用于平移运动，3 个用于旋转运动。物体的上下、左右运动称为平移，物体围绕任何一个坐标轴旋转的运动称为旋转。这几个运动都是相互正交的，并对应 6 个独立变量，即用于描述三维对象的 X、Y、Z 坐标值和 3 个参数：俯仰角（pitch）、横滚角（roll）及航向角（yaw），因此这 6 个变量通常为 6 个自由度，即 3 个平移自由度（X、Y、Z）和 3 个旋转自由度（pitch、 roll、yaw）。因此虚拟现实是六自由度，而非三维动画的三自由度，如图 4.1 所示。

图 4.1　六自由度示意图

4.1.1　虚拟现实的定位追踪

　　虚拟现实最大的特点是沉浸感。这种沉浸感一方面来自于光学透视产生的大视场角，包裹玩家的视野，像观看 IMAX（image maximum，巨幕）电影一样身临其境；另一方面来自于每一次智能交互时，都能在虚拟世界中产生相应的效果，产生"现场"感，如用户的移动、旋转等。而这些沉浸感的产生都离不开定位追踪技术。

　　虚拟现实的定位追踪技术主要用于解决六自由度问题，即物体在三维空间的自由运动，包括 3 个平移运动和 3 个旋转运动。如果离开了定位追踪技术，虚拟现实将毫无沉浸感可言。

　　1．定位追踪基础模型

　　定位追踪技术的基础模型基本相似：一个信号产生源，信号发出后，被能够感应到此信号的传感器检测到（传感器放置在被追踪物体上），通过 USB 线或无线方式传输给计算单元，计算单元根据不同技术路径，建立相应的数学模型，使用相应的算法，计算出物体的位置信息（六自由度信息）。定位追踪基础模型示意图如图 4.2 所示。

　　2．定位追踪技术

　　定位追踪技术可以根据用户的动作（如跳起、下蹲或前倾）来改变用户的视角，连接现实与虚拟世界。目前在虚拟现实系统中常见的定位追踪技术包括电磁追踪技术、声波追踪技术、惯性追踪技术和光学追踪技术。这些追踪技术都被应用于后面要讲解的追踪器中。

75

图 4.2   定位追踪基础模型示意图

（1）电磁追踪技术

电磁追踪技术中的信号源来自于通电后的螺旋线（电生磁），传感器能够感应到磁场信息，根据传感器返回的信息判断物体的六自由度信息。电磁追踪技术具有实时性好、精度高的优点，缺点是容易受到发动机、磁铁、通电导线等的干扰。

（2）声波追踪技术

超声波发射器发出特定的声波，被追踪物体上的传感器接收到信号，并通过计算时间，来获得位置信息和方向信息，从而达到定位追踪的效果。此方案容易受到温度、湿度、气压等影响，声波追踪设备调试过程很费时，而且由于环境噪声会产生误差，精度不高，所以声波追踪技术通常和其他设备（如惯性追踪设备）共同组成"融合感应器"，以实现更准确的追踪。

（3）惯性追踪技术

惯性追踪技术使用加速度计和陀螺仪实现。加速度计测量线性加速度，根据测量到的加速度可以得到被追踪物的位置；陀螺仪测量角速度，根据角速度可以算出角度位置。惯性追踪技术的优点是十分便宜，能提供高更新率及低延迟；缺点是会产生漂移，特别是在位置信息上，因此很难仅依靠惯性追踪技术确定位置。

（4）光学追踪技术

光学追踪技术是目前虚拟现实设备中应用最广泛的追踪技术，光学追踪可以分为红外光定位、可见光定位和激光定位。

1）红外光定位：基本原理是利用多个红外发射摄像头对室内定位空间进行覆盖，在被追踪物体上放置红外反光点，通过捕捉这些反光点反射回摄像机的图像，确定其在空间中的位置信息。这类定位系统有着非常高的定位精度，如果使用帧率很高的摄像头，延迟也会非常微弱，能达到非常好的效果。它的缺点是造价非常昂贵，且供货量很小。应用这类定位技术最具代表性的产品有 Opti Track 的光学定位摄像头，如图 4.3 所示。

2）可见光定位：基本原理是用摄像头拍摄室内场景，但是被追踪点不是反射红外线的材料，而是主动发光的标记点（类似小灯泡），不同的定位点用不同颜色进行区分。与红外光定位技术一样，需要摄像头来采集这些颜色光，然后将这些信息通过一定的算法，分别计算出各设备的位置。正是因为这种特性，可追踪点的数量也非常有限。优点是定位精度较高，价格较低；缺点是容易受其他光源干扰，移动范围不大。PS VR 的两个手柄上的两盏灯并不是装饰，而是定位技术所需要的可见光，如图 4.4 所示。

图 4.3 红外光定位示意图   图 4.4 PS VR 示意图

3）激光定位：基本原理是利用定位光塔，对定位空间发射横竖两个方向扫射的激光，在被定位物体上放置多个激光感应接收器，通过计算两束光线到达定位物体的角度差，解算出待测定位节点的坐标。优点是定位精度很高、稳定性强、运动范围大，缺点是价格较贵。这类定位技术的代表产品为 HTC Vive 的 Lighthouse 室内定位技术，其是目前体验较好的追踪方案，如图 4.5 所示。HTC Vive 头盔显示器和手柄上安装有光敏传感器，激光扫过的时候，头盔显示器开始计数，传感器接收到激光后，通过时间和方向就能计算出准确的位置。只要光敏传感器多，能采集到很多的数据，就能形成一个 3D 的模型。

图 4.5 HTC Vive 示意图

还有其他一些定位技术，如 WiFi 定位、射频识别技术等，但到目前为止由于它们定位精度有限，在虚拟现实领域很少被应用。而有些厂商根据需求及各自产品的特点，也有不同的跟踪定位技术，如 Oculus Rift 采用的"星座"系统、Intel 的 Alloy、UWB——超宽带定位技术等，但这些产品目前仍然存在各种各样的问题，如成本、体积等。体积小、易携带、定位精准、成本低等是跟踪器未来需要解决与实现的。

跟踪器能够实时地测量用户身体或其局部的方向和位置，并将信息输入给虚拟现实系统，然后根据用户当前的视角刷新虚拟场景的显示。它是虚拟现实和其他人机实时交互系统中重要的输入设备之一，也是智能医学辅助治疗系统的重要组成部分。

根据上面所讲的定位追踪技术，目前常见的跟踪器主要包括电磁跟踪器、超声波跟踪器、光学跟踪器、惯性跟踪器、GPS 跟踪器及混合跟踪器等。可以参考跟踪器的主要性能参数综合测评跟踪器的性能优劣。

4.1.2　跟踪器的性能参数

跟踪器的性能参数主要包括精度、抖动、偏差和延迟，如图 4.6 所示。

图 4.6　跟踪器的性能参数

1. 精度

精度是指对象真实的三维位置与跟踪器测量出的三维位置之间的差值。

跟踪用户实际动作的效果越好，要求跟踪器越精确，则这个差值就越小。对于平移和旋转运动，需要分别给出跟踪精度［单位分别为 mm 和（°）］。精度是变化的，会随着离坐标系原点的距离的增加而降低。分辨率与精度是不同的，分辨率是指跟踪器能够检测出的被跟踪对象的最小三维位置变化，如图 4.6（a）所示。

2．抖动

抖动是指当被跟踪对象固定不变时，跟踪器输出结果的变化。

当被跟踪对象固定时，没有抖动的跟踪器会测量出一个常数值。抖动有时也称为传感噪声，它使跟踪器数据围绕平均值随机变化，如图 4.6（b）所示。在跟踪器的工作范围内，抖动不是一个常数值，它受附近环境条件的影响。

3．偏差

偏差是指跟踪器随时间推移而累积的误差。

随着时间的推移，跟踪器的精度降低，数据的准确性下降。因此需要使用一个没有偏差的间接跟踪器周期性地对它进行零位调整，以便控制偏差，如图 4.6（c）所示。

4．延迟

延迟是动作与结果之间的时间差。对于三维跟踪器来说，延迟是对象的位置或方向的变化与跟踪器检测这种变化之间的时间差，如图 4.6（d）所示。

延迟比较大的跟踪器会带来很大的时间滞后，因此仿真中需要尽量小的延迟。在使用虚拟头盔时，虚拟头盔的运动与用户所看到的虚拟场景的运动之间存在很大的时间滞后，会导致"仿真病"，如恶心、疲劳和头痛等。用户感受到的是系统延迟，包括跟踪器测量对象位置变化的延迟、跟踪器与主计算机之间的通信时间延迟和计算机绘制和显示场景所需的时间延迟。

4.1.3　常见的跟踪器

1．电磁跟踪器

电磁跟踪器是一种非接触式的位置测量设备，它使用一个固定发射器产生的电磁场来确定移动接收单元的实时位置。

电磁跟踪器的原理是利用磁场的强度来进行位置和方向跟踪。一般由一个控制部件、几个发射器和几个接收器组成，如图 4.7 所示。首先发射器由缠绕在立方体磁心上的 3 个方向相互垂直的线圈做成的天线组成，发射电磁场。然后这些天线被依次激励，产生 3 个正交磁场。这 3 个磁场穿过接收器，产生一个包含 9 个电压值（每个正交的发射磁场产生 3 个电压）的信号。当发射器被关掉时，直流电磁跟踪器会再产生 3 个电压，这些电压对应于大地直流电磁场（当使用交流电磁场时，接收器由 3 个正交线圈组成；当使用直流电磁场时，接收器由 3 个磁力计或者霍尔效应传感器组成）。最后接收器的电压被 1 个电子单元采样，并使用校准算法确定接收器相对于发射器的位置和方向。这些数据包（3 个位置值和 3 个旋转角度值）通过通信线按顺序发送给主计算机。如果接收器被绑在远处移动的对象上，那么计算机就可以间接地跟踪到该对象相对于固定发射器的运动。

图 4.7　交流电磁跟踪器原理图

电磁跟踪器根据磁发射信号和磁感应信号之间的耦合关系确定被测对象的方位。环境中的金属物体、电子设备、CRT 及环境磁场会对接收装置造成干扰。

磁传感器是一种将磁场或磁感应强度等物理量转换成电信号的磁电转换元器件或装置。大部分磁传感器是基于固定材料的磁电效应的传感器，其中主要是半导体材料。当给一个线圈通上电流后，在线圈的周围将产生磁场。根据所发射磁场的不同，电磁跟踪器可分为直流式电磁跟踪器和交流式电磁跟踪器，其中交流式电磁跟踪器使用较多。

电磁跟踪器的优点是其敏感性不依赖于跟踪方位，基本不受视线阻挡的限制，体积小、价格便宜，因此手部的跟踪大多采用此类跟踪器。缺点是其延迟较长，跟踪范围小，且容易受环境中大的金属物体或其他磁场的影响，从而导致信号发生畸变，跟踪精度降低。

目前电磁跟踪系统也多用于医学手术导航中，针对临床上介入手术中的手术"盲区"，以及微创手术中更精准的手术导航需求，电磁跟踪技术通过与各种手术器械自由组合，进一步解决手术中遇到的各种难题。NDI Aurora 电磁追踪系统采用专为医疗应用而设计的导航技术，如图 4.8 所示，其基于电磁技术，不要求视角，将 NDI Aurora 电磁追踪微型传感器与手术工具，如针头、导管、探针和设备整合。将 Aurora 传感器放置于医疗器械的末端，能够让本地化工具在身体内灵活使用，开辟了很多过去无法实现的医疗应用新领域。

图 4.8 NDI Aurora 电磁追踪系统

2. 超声波跟踪器

超声波跟踪器是声学跟踪技术较常用的一种，是一种非接触式的位置测量设备，使用固定发射器产生的超声信号来确定移动接收单元的实时位置。

超声波跟踪器由发射器、接收器和电子单元 3 部分组成，如图 4.9 所示。它的发射器由 3 个超声扬声器组成，安装在一个稳固的三脚架上。接收器的 3 个扬声器安装在一个稳固的小三脚架上，三脚架放置在头盔显示器的上面（接收器的扬声器也可以安装在三维鼠标、立体眼镜和其他输入设备上）。超声波跟踪器的测量基于三角测量，周期性地激活每个扬声器，并计算它到 3 个接收器传声器的距离。控制器对传声器进行采样，并根据校准常数将采样值转换成位置和方向，然后发送给计算机，用于渲染图形场景。由于它们的简单性，超声波跟踪器成为电磁跟踪器的廉价替代品。

图 4.9 超声波跟踪器

超声波跟踪器的更新率较慢，因为在新的一次测量开始之前，要等待前一次测量的回声消失。当需要跟踪身体多个部位时，则会使用多路复用，即 4 个接收器共用一个发射器，这样再次降低了跟踪器的更新率，导致仿真延迟的进一步增加。在使用多个接收器和一个发射器时，还会限制用户的活动空间。另外，超声波信号在空气中传播时的衰减，也会影响超声波跟踪器的工作范围。超声波跟踪器的发射器和接收器之间要求无阻挡，如果发射器和接收器之间被某个对象阻挡了，则跟踪器的信号都会丢失。背景噪声和其他超声源也会破坏跟踪器的信号。

Codamotion 超声波位置追踪系统，如图 4.10 和图 4.11 所示，是一款便携式实时 3D 运动测量领域的产品，其每个元件都具备独立的 3D 测量功能，可实现测量数据的高带宽实时传输，同时为系统供电，应用范围包括临床医学、生物力学、神经科学、体育、人机工程学等诸多领域。

图 4.10　Codamotion 标记驱动盒

图 4.11　Codamotion 步态分析魔杖套装

3．光学跟踪器

光学跟踪器是一种较常见的空间位置跟踪定位设备，也是一种非接触式的位置测量设备，它使用光学感知来确定对象的实时位置和方向。

光学跟踪器可以使用多种感光设备，从普通摄像机到光敏二极管均涵盖。光源也是多种多样的，包括自然光、激光或红外线等，但为避免干扰用户的观察视线，目前多采用红外线方式。例如，头盔显示器上装有传感器（光敏二极管），通过光敏二极管产生电流的大小及光斑中心在传感器表面的位置来推算出头部的位置与方向。光学跟踪器可分为两类，即从外向里看（outside-looking-in）的光学跟踪器和从里向外看（inside-looking-out）的光学跟踪器。

（1）从外向里看的光学跟踪器

在被跟踪的运动物体上安装一个或几个发射器［发光二极管（light emitting diode，LED）灯标］，由固定的传感器［如图 4.12（a）中电荷耦合元件（charge-coupled device，CCD）摄像机］从外面观测发射器的运动，从而得出被跟踪物体的位置与方向。

（2）从里向外看的光学跟踪器

如图 4.12（b）所示，从里向外看的光学跟踪器是在被跟踪的对象上安装传感器，发射器是固定位置的，装在运动物体上的传感器从里面向外观测固定的发射器，来得出自身的运动情况。

光学追踪需要与被追踪物体保持在无障碍的视线之中，所以很多光学追踪器需要校准。在大范围空间内设立动作捕捉系统是很复杂烦琐的，很多追踪器都需要有同步器或者进行外部的运算，而且重叠区域的空间会浪费。

（a）从外向里看　　　　　　　　　　　（b）从里向外看

图 4.12　光学跟踪器的布置

Polaris 光学测量追踪系统，采用全球领先的计算机辅助手术和治疗系统内的核心 3D测量技术。NDI Polaris 位置传感器安装在手术室内，在手术进行过程中进行定位以便于最大限度提高追踪设备的可见度。患者头部被固定在 Mayfield 架上，如图 4.13 所示。
NDI Polaris 集成系统具有很大的灵活性，适用于计算机辅助疗法，是高精度主被动追踪工具。光学追踪系统智能医学应用包括切除治疗手术、近距离放射治疗、活检、开颅手术、深部脑刺激、骨科植入术、脊柱关节融合术、脊柱内固定螺钉植入术、颅内磁疗法、肿瘤切除术等。

4．惯性跟踪器

惯性跟踪器通过自约束的传感器测量一个对象的方向变化速率，也可以测量对象平移速度的变化率。

惯性跟踪器是一个使用微机电系统（micro-electro-mechanical system，MEMS）技术的固态结构。被跟踪对象方向（或角速度）的变化率由科里奥利陀螺仪测量。

图 4.13　Polaris 光学测量追踪系统

将 3 个这样的陀螺仪安装在互相正交的轴上，可以测量出俯仰角、横滚角和航向角速度，然后随时间综合得到 3 个正交轴的方位角。惯性跟踪器使用固态加速计测量平移速度的变化（或加速度）。测量相对于身体的加速度需要 3 个共轴的加速计和陀螺仪。知道了被跟踪对象的方向（从陀螺仪的测量数据得到），减去重力加速度，就可以计算出世界坐标系中的加速度。被跟踪对象的位置最终可以通过对时间的二次积分和已知的起始位置（校准点）计算得到。

惯性跟踪器由于角度和距离的测量分别通过对陀螺仪和加速度计的一次积分和二次积分得到，系统误差会随着时间积累。积分的缘故，任何一个陀螺仪的偏差都会导致跟踪器的方向错误随时间线性增加；加速计的偏差会导致误差随时间呈平方关系增加。如果计算位置时使用了有偏差的陀螺仪数据，则问题会变得更复杂。

惯性跟踪器无论在虚拟现实应用领域，还是在控制模拟器的投影机运动时，或是在生物医学的研究中，都是测量运动范围和肢体旋转的理想选择。如今的惯性位置跟踪器内置低功耗信号处理器，可提供实时无位移 3D 方向、校准 3D 加速度、3D 转弯速度及 3D 地球磁场数据，在基于惯性传感器定位和导向的跟踪解决方案开发领域居于领先地位，主要代表品牌有 Xsens、Polhemus、InterSense、Ascension、Trivisio、VMSENS 等。Xsens MTw Awinda 惯性跟踪器如图 4.14 所示，其多应用于康复治疗、生物力学、步态分析等领域。

（a）跟踪器　　　　　　　　　　　　　　　（b）应用

图 4.14　Xsens MTw Awinda 惯性跟踪器及其应用

5．GPS 跟踪器

GPS 跟踪器是目前广泛应用的一种跟踪器。GPS 跟踪器是内置了 GPS 模块和移动通信模块的终端，用于将 GPS 模块获得的定位数据通过移动通信模块（GSM/GPRS 网络）传至 Internet 上的一台服务器上，从而可以实现在计算机上查询终端位置。

GPS 包括三大部分，即空间部分（GPS 卫星星座）、地面控制部分（地面监控系统）、用户设备部分（GPS 信号接收机）。

GPS 由 24 颗卫星组成，地球上的任何一点都能收到 4～9 颗卫星的信号。对于导航定位来说，GPS 卫星是一个动态已知点，卫星的位置是依据卫星发射的星历来描述卫星运动及其轨道的参数算得的，每颗 GPS 卫星所播发的星历是由地面监控系统提供的。卫星上的各种设备是否正常工作，以及卫星是否一直沿着预定轨道运行，都要由地面设备进行监测和控制。地面监控系统的另一个重要作用是保持各颗卫星处于同一时间标准（GPS 时间系统），这就需要地面站监测各颗卫星的时间、求出时钟差，然后由地面注入站发给卫星，卫星再由导航电文发给用户设备。GPS 工作卫星的地面监控系统包括 1 个主控站、3 个注入站和 5 个监测站。

GPS 信号接收机的任务是能够捕获到按一定卫星高度截止角所选择的待测卫星的信号，并跟踪这些卫星的运行对所接收到的 GPS 信号进行变换、放大和处理，以便测量出 GPS 信号从卫星到接收机天线的传播时间，解译出 GPS 卫星所发送的导航电文，实时计算出监测站的三维位置，甚至三维速度和时间。

GPS 跟踪器的优点是拥有全球范围的有效覆盖面积、系统比较成熟、定位服务比较完备。缺点是信号受建筑物影响较大，衰弱很大，定位精度相对较低，在航线控制区域，甚至会完全没有信号。

GPS 卫星发送的导航定位信号是一种可供无数用户共享的信息资源。对于陆地、海洋和空间的广大用户，只要用户拥有能够接收、跟踪、变换和测量 GPS 信号的接收设备，即 GPS 信号接收机，就可以在任何时间用 GPS 信号进行导航定位测量。根据使用目的的不同，用户要求的 GPS 信号接收机也各有差异。目前世界上已有几十家工厂生产 GPS 接收机，产品也有几百种。这些产品可以按照原理、用途、功能等来分类，如图 4.15 所示。

图 4.15　索尼的 PSP GPS Receiver

6. 混合跟踪器

混合跟踪器指使用了两种或两种以上位置测量技术来跟踪对象的系统，它能取得比使用任何一种单一技术更好的性能。

与单一跟踪器相比，混合跟踪器虽然增加了虚拟现实系统的复杂性，但其最大的好处是保持了高精度姿态跟踪的同时，还增强了跟踪稳健性。目前，混合跟踪器的应用较广泛。

图 4.16 显示了由 3 个不同类型跟踪器构成的典型混合跟踪器示意图。跟踪器 1（摄像机）、跟踪器 2（惯性）和跟踪器 3（GPS）刚性连接，C、I、G 分别是 3 个跟踪器的局部坐标系，W 是场景世界坐标系，U 为摄像机的图像坐标系，S 为摄像机的跟踪目标。跟踪器输出数据可以是自身的测量数据，也可以是间接计算得到的姿态数据，如视觉摄

像机的直接数据是环境中跟踪目标 S 在图像坐标系 U 中的像素坐标 s，而间接得到的姿态数据是摄像机坐标系 C 相对世界坐标系 W 的坐标变换。由于各个跟踪器的测量数据所对应的参考坐标系不同，所以必须首先标定各个跟踪器之间的恒定坐标变换，然后将跟踪器测量数据变换到一个统一的参考坐标系中才能够进行跟踪测量数据的混合或融合；而且由于跟踪器的数据测量时间点的不同，进行数据融合时还要考虑跟踪器之间的时间同步问题。混合跟踪器一般由至少两个跟踪器构成，混合跟踪器中跟踪器的类型越多，所涉及的混合跟踪方法、相对姿态标定方法及时间同步方法就越复杂。可见，混合跟踪方法、标定方法及时间同步方法是混合跟踪技术实现良好稳健性的关键，是混合跟踪虚拟现实应用中需要重点解决的关键问题。

图 4.16　典型混合跟踪器及坐标示意图

混合跟踪器面向不同应用具有不同混合类型，其中光学混合、超声波-惯性和视觉-惯性混合跟踪器的发展技术水平已比较成熟，而未来发展重点是视觉-惯性-GPS 等复杂跟踪器。除了传统工业、医疗、军事、文化遗迹保护、导航等领域，混合跟踪器还能够为核工业、机器人、互动娱乐及普适计算等室内外虚拟现实应用注入新活力。

不同的跟踪器有其各自的特点，其优缺点也是相对于用户的情况而言的，各种跟踪器的优缺点如表 4.1 所示。

表 4.1　各种跟踪器的优缺点

跟踪器	优点	缺点
电磁跟踪器	1）敏感性不依赖于跟踪方位 2）不受视线阻挡的限制 3）体积小、价格便宜	1）延迟较长 2）跟踪范围小 3）容易受环境中大的金属物体或其他磁场的影响，信号发生畸变，跟踪精度降低
超声波跟踪器	1）不受环境磁场及铁磁物体的影响 2）不产生电磁辐射 3）价格便宜	1）更新率低 2）超声波信号在空气中的传播衰减，影响跟踪器工作范围 3）发射器和接收器之间要求无阻挡 4）背景噪声和其他超声源会破坏跟踪器的信号

续表

跟踪器	优点	缺点
光学跟踪器	1）在近距离内非常精确且不受磁场和声场的干扰 2）不受金属物质的干扰 3）较高的更新率和较低的延迟	1）要求光源与探测器可视 2）跟踪的角度范围有限
惯性跟踪器	不存在发射源、不怕遮挡、没有外界干扰、有无限大的工作空间、抖动（传感器噪声可通过积分过滤掉）很小	快速积累误差（或偏差）
GPS 跟踪器	1）拥有全球范围的有效覆盖面积 2）系统比较成熟 3）定位服务比较完备	信号受建筑物影响较大，衰弱很大，定位精度相对较低。而且在航线控制区域，它甚至会完全没有信号

4.2　导航输入设备

　　虚拟现实中的交互是在绝对坐标系或者相对坐标系中完成的。4.1 节介绍的跟踪器都是返回一个移动对象相对于固定坐标系的方向和位置，都是在绝对坐标系下完成的。导航输入设备是允许用户通过选择和操纵感兴趣的虚拟对象，交互式地改变虚拟环境和探索过程中的视图。导航输入设备主要包括三维鼠标、传统手柄与动作感应手柄。

4.2.1　三维鼠标

　　常用的二维鼠标是一个二自由度的输入设备，适用于平面内的交互，可以与第 8 章学习的 Unity 3D 相结合，在平面内控制 3D 模型。但在三维场景中的交互需要在不同的角度和方位对空间物体进行观察、操纵，这时它就无能为力了。

　　三维鼠标是虚拟现实应用中比较重要的输入设备，可以从不同的角度和方位对三维物体进行观察、浏览和操纵。它可以完成在虚拟空间中 6 个自由度的操作，包含 3 个平移及 3 个旋转参数。其工作原理是在鼠标内部装有超声波或电磁发射器，利用配套的接收设备可检测到鼠标在空间中的位置与方向。与其他设备相比，三维鼠标成本较低，常应用于建筑设计等领域。

　　三维鼠标能够为每个想体验三维乐趣的人提供更加强大而便利的操作，为三维应用程序提供自然而灵敏的三维环境和物体的操控方式。通过推、拉、转动或倾斜三维鼠标的控制器，能够对三维物体和环境进行移动、旋转、缩放等操作。图 4.17 是由罗技的子公司 3D connexion 研发制

图 4.17　SpacePilot Pro 3D 鼠标

造的 SpacePilot Pro 3D 鼠标。

4.2.2 手柄

手柄是可以定位手的位置，并用触摸板、扳机、按钮实现多种交互输入的输入设备。利用手柄可以实现模拟射击、抓取、挥舞等多种交互操作，还可以通过外部摄像头实现手柄的位置追踪，也可以通过按钮方式进行人机交互，并通过振动发动机的方式实现反馈，增强用户的沉浸感。手柄可分为传统手柄与动作感应手柄。

1．传统手柄

传统手柄采用惯性传感器、振动发动机，使用按钮、摇杆或触板进行操作，并通过振动感交互。其基本原理是利用惯性敏感元件（陀螺仪、加速度计）测量载体相对于空间的线运动和角运动参数，来检测姿态参数和导航定位参数。传统手柄的典型代表是 Oculus Rift 消费者版默认的 Xbox 无线手柄和 PlayStaTIon VR 搭配的 PS4（同时还需要 PlayStaTIon Camera 摄像头辅助使用），如图 4.18 所示。

2．动作感应手柄

动作感应手柄一般会通过惯性传感系统加上光学追踪系统或者磁场感应来提供六自由度的动作跟踪。典型代表是 Oculus Touch 手柄，如图 4.19 所示。

图 4.18　传统手柄

图 4.19　Oculus Touch 手柄

基于惯性传感器的手柄首先根据加速度和磁场传感器在各测量轴方向上的分量，计算得出手柄相对于重力加速度轴和地磁场轴的俯仰角和方位角；然后将这两个角度作为手柄的状态变量计算得到动作指令，通过串口传送到主机端；最后在虚拟场景中完成相应虚拟场景动作。

Oculus Touch 的技术框架是多模式传感融合＋手势识别，即配置惯性传感器及 Oculus 的动作追踪系统 ConstellaTIon 作为光学跟踪，实现 Oculus Touch 的六自由度追踪。

手柄具有结构简单、性能稳定、成本低廉、使用方便的特点，现阶段适用于家庭，并且只需更改虚拟场景内容即可将该系统移植到其他应用领域，可移植性非常强。手柄也有着明显的缺陷，如无法还原手部关节的精细动作，无法进行手部动作的精准定位，容易受周围环境铁磁体的影响而降低精度。

4.3 手势输入设备

虚拟现实系统是一个人机交互系统，而且在虚拟现实系统中要求人与虚拟世界之间是自然交互的。自然交互的一个重要方式就是直接追踪和定位人手，把手势作为输入。如果能直接使用手与虚拟世界进行交互，将日常生活中获得的经验直接运用到交互活动中，则可以充分提高虚拟世界的可操作性，并可在虚拟世界中完成更复杂的任务，手势输入设备也就由此诞生。

4.3.1 手势接口

手势接口是测量用户手指（有时也包括手腕）实时位置的设备，其目的是实现与虚拟环境的基于手势识别的自然交互。手势识别是基于手指的追踪，是把单个或多个手指构成特定的动作关联成一个程序动作。

在虚拟现实技术中实现基于手势的交互，需要有能让用户手部在一定范围内自由运动的输入输出设备、额外的自由度及表示对用户某个手指运动的感知。人类手指的自由度包括弯曲、伸展及横向外展和内收。此外，拇指还有前置和后置运动，使它能到达手掌的对面位置，如图 4.20 所示。

（a）手掌外展　　（b）径向外展　　（c）伸展　　（d）前置（反向）

图 4.20　手和手指运动的术语

大多数手势接口嵌入了传感器的数据手套，传感器用于测量每个手指相对于手掌的位置。各种数据手套之间的主要区别是所使用的传感器的类型、给每个手指分配的传感器的数目、感知分辨率、手套的采样速度，以及它们是无线的还是有范围限制的。

4.3.2 数据手套

数据手套是虚拟仿真应用中主要的交互设备，是虚拟现实系统的重要组成部分。数据手套可以实时获取人手的动作姿态，如进行物体抓取、移动、旋转、装配、操纵、控制等动作，能够在虚拟环境中再现人手动作，达到人机交互的目的，是一种通用的人机接口。传感器技术是数据手套系统中的关键技术，数据手套的交互能力直接取决于传感器的性能。数据手套设有弯曲传感器，通过导线连接至信号处理电路，检测手指的伸屈，并把手指伸屈时的各种姿势转换成数字信号传送给计算机，计算机通过应用程序来识别并执行相应的操作，达到人机交互的目的。

数据手套的基本原理如下：数据手套设有弯曲传感器，一个节点对应一个传感器，有 5 节点、14 节点、18 节点、22 节点之分。弯曲传感器由力敏元件、柔性电路板、弹性封装材料组成，通过导线连接至信号处理电路；在柔性电路板上设有至少两根导线，以力敏材料包覆于柔性电路板大部，再在力敏材料上包覆一层弹性封装材料，柔性电路板留一端在外，以导线与外电路连接。把人手姿态准确实时地传递给虚拟环境，而且能够把与虚拟物体的接触信息反馈给操作者，使操作者以更加直接、更加自然、更加有效的方式与虚拟世界进行交互，大大增强了互动性和沉浸感。

数据手套代表性产品有 5DT、CyberGlove、Measurand、Dexmo 等。本节主要介绍 5DT 数据手套。

1. 5DT 数据手套

5DT 数据手套是虚拟现实等领域专业人士使用的虚拟交互产品，具有超高的数据质量、较低的交叉关联及高数据频率的特点。5DT 数据手套有 5 节点和 14 节点之分，其技术参数如表 4.2 所示。5DT 数据手套可以测量用户手指的弯曲程度及手指的外围轮廓，也可以用来替代鼠标和操作杆，系统通过一个 RS-232 接口与计算机相连接。

表 4.2　5DT 数据手套 5 节点和 14 节点的技术参数

参数	5DT 数据手套（5 节点）	5DT 数据手套（14 节点）
材质	黑色合成弹力纤维	黑色合成弹力纤维
传感器解析度	12-bit A/D（典型范围：10 bit）	12-bit A/D（典型范围：10 bit）
曲形传感器	基于纤维光学，总共 5 个传感器，每个手指 1 个传感器，用于测量指节和第一个关节	基于纤维光学，总共 14 个传感器，每个手指 2 个传感器，一个用于测量指节，另一个用于测量第一个关节。在手指之间有 1 个传感器
接口	全速率的 USB 1.1 RS-232（可选的串口设备）	全速率的 USB 1.1 RS-232（可选的串口设备）

5DT 数据手套（5 节点）最简单的配置中，每个手指都配有一个传感器，用于测量指节和第一个关节，如图 4.21 所示。5DT 数据手套（14 节点）的配置中总共有 14 个传

感器，每个手指 2 个传感器，一个用于测量指节，另一个用于测量第一个关节，在手指之间有 1 个传感器，共 4 个指间的传感器。5DT 数据手套还为小关节以及手指的外展和内收提供了传感器。另外，还有一个倾斜传感器用于测量手腕的方向，每个手指都固定有一个光纤回路，允许因手指弯曲而产生微小的平移。

图 4.21　5DT 数据手套结构

新版的 5DT 数据手套系列产品应用了彻底改良的传感器技术。新的传感器使手套更加舒适，并能够在一个更大尺寸的范围内提供更加稳定的数据传输。其数据干扰被大大降低。数据手套 SDK（software development kit，软件开发工具包）兼容 Windows、Linux、UNIX 操作系统。由于其支持开放式通信协议，所以能在没有 SDK 的情况下进行通信。新版的 5DT 数据手套支持当前主流的三维建模软件和动画软件。

2. 其他新型数据手套

随着虚拟现实技术的不断发展，新型数据手套不断呈现，主要体现在传感器数目的增多、感知分辨率的提高、手套采样速度的加快、有范围限制到无线的转变及舒适性的提高等。其他新型数据手套包括 Manus VR（图 4.22）、Control VR、PowerClaw 和 CaptoGlove（图 4.23）等。Manus VR 开发套件是一款高端手部追踪手套，该手套可以实时跟踪用户的手部，可用于模拟训练和运动捕捉。每个手套由自己的电池供电，续航长达 3～6h，有多种用途。CaptoGlove 可穿戴虚拟现实手套，在使用时只需要戴上 VR 眼镜和手套就可以了，可以完全无束缚地体验游戏中开枪、驾驶的乐趣。

数据手套的优点是输入数据量小，速度快，直接获得手在空间的三维信息和手指的运动信息，可识别的手势种类多，能够进行实时识别。其缺点是由于受技术及材料的影响，该类产品价格昂贵，普通应用场合难以承受，受众范围小，而且由于数据手套上一些硬件设备（如传感器）的材料比较娇贵，存在老化快、不能长时间应用等缺点。此外，数据手套穿戴复杂，给人带来很多不便，并且因为数据手套本身不能提供与空间位置相关的信息，所以必须配合位置跟踪器使用，以达到获取空间位置信息的目的。

图 4.22　Manus VR　　　　　　　　　　　图 4.23　CaptoGlove

4.3.3　运动捕捉设备

数据衣是在虚拟现实系统中比较常用的运动捕捉设备，是为了让虚拟现实系统识别全身运动而设计的输入装置。当虚拟世界的环境和物体通过物理规律对用户的虚拟形象产生作用时，如刮风、下雨、温度变化、受到虚拟人物的攻击、物体抛掷或降落等，通过触觉反馈装置和多感知反馈装置让用户产生身临其境的感觉。

图 4.24　数据衣

数据衣是根据数据手套的原理研制出来的，如图 4.24 所示。数据衣装备着许多触觉传感器，用户穿上后，衣服里面的传感器能够根据用户身体的动作进行探测，并跟踪人体的所有动作。数据衣对人体大约 50 个不同的关节进行测量，包括膝盖、手臂、躯干和脚。通过光电转换，身体的运动信息被计算机识别，反过来衣服也会反作用在身上产生压力和摩擦力，使人的感觉更加逼真。和头盔显示器、数据手套一样，数据衣也有延迟大、分辨率低、作用范围小、使用不便的缺点；另外，数据衣还存在一个潜在的问题，就是人的体型差异比较大。为了检测全身，不但要检测肢体的伸张状况，还要检测肢体的空间位置和方向，这就需要许多空间跟踪器。

数据衣主要应用在一些复杂环境中，对物体进行的跟踪和对人体运动的跟踪与捕捉。例如，GPSport 运动数据内衣可以实时监测运动员的跑动距离、路线及心率变化等。这个装备由两部分组成，装备里面有 GPS 模块、心率带，以及多轴加速仪、陀螺仪等跟踪设备，另外还有分析设备，对同步传输到计算机的球员数据进行对比和分析。

4.4　体感输入设备

在虚拟现实系统中为了实现人与虚拟现实系统的交互，必须确定用户的头部、手、身体等位置的方向，准确跟踪测量参与者的动作，将这些动作实时监测出来，以便将这些数据反馈给显示和控制系统。目前，不依赖于传感器而直接识别人体特征的运动捕捉技术越来越广泛地应用于虚拟现实技术中。

体感技术使用户可以直接使用肢体动作与周边的装置或环境互动，即无须使用任何复杂的控制设备，用户便可身临其境地与内容进行互动。

4.4.1　手势运动感应设备

手势运动感应设备是通过感应手部运动识别手势，不需要手直接接触设备。该类设备的典型代表为 Leap Motion，如图 4.25 所示。Leap Motion 可进行全十指追踪，并把十指作为输入使用，模拟抓取、捏取等各种形式的交互。

图 4.25　Leap Motion

Leap Motion 是基于双目视觉的手势识别设备，双目视觉就是有两个摄像头，利用双目立体视觉成像原理（图 4.26），通过两个摄像机来提取包括三维位置在内的信息，并进行手势的综合分析、判断，建立手部的立体模型。这种方法对于用户手势的输入限制较小，可以实现更加自然的人机交互，但由于需要进行立体匹配，加之立体模型的复杂性，所以需要处理大量的数据，计算相对来说较复杂。

图 4.26　双目立体视觉成像原理图

双目立体视觉三维测量是基于视差原理的，其中基线距 B 为两摄像机的投影中心连线的距离，照相机焦距为 f。设两摄像机在同一时刻观看空间物体的同一特征点 P（x_c, y_c, z_c），分别在"左眼"和"右眼"上获取了点 P 的图像，它们的图像坐标分别为 P_{left} ＝

$(X_{\text{left}}, Y_{\text{left}})$，$P_{\text{right}} = (X_{\text{right}}, Y_{\text{right}})$。现两摄像机的图像在同一个平面上，则特征点 P 的图像坐标与 Y 坐标相同，即 $Y_{\text{left}} = Y_{\text{right}} = Y$，则由三角几何关系得到视差为 $\text{Disparity} = X_{\text{left}} - X_{\text{right}}$。由此可计算出特征点 P 在照相机坐标系下的三维坐标。

要实现双目手势识别，首先需要对双目摄像头做标定，即计算空间中左右两台摄像机位置的几何关系。双目手势识别流程图如图 4.27 所示，首先从双目摄像头采集操作者手势动作的左右视觉图像，通过立体视觉算法生成深度图像。然后对左（或右）视觉图像使用手势分割算法处理，分割出的人手所在的初始位置信息，并将该位置作为手势跟踪算法的起始位置。接着使用手势跟踪算法对人手运动进行跟踪。最后根据跟踪得到的结果进行手势的识别。需要说明的是，如果跟踪目标消失，则重新进行手势分割，再重复上述步骤。

图 4.27　双目手势识别流程图

当 Leap Motion 软件运行时，只需将它插入计算机中，即可挥动一只手指浏览网页、阅读文章、翻看照片，还有播放音乐。即使不使用任何画笔或笔刷，也可以绘画、涂鸦和设计。Leap Motion 控制器可追踪全部 10 只手指，精度高达 1/100mm，远比现有的运动控制技术更为精确。Leap Motion 还可以嵌入头盔显示器中。目前 Leap Motion 已经发展到第三代，可以追踪个别的手指头和关节，手势控制更加精确。

4.4.2　无线体感设备

人的肢体运动也是一种重要的自然交互输入形式，无线体感设备典型代表为 Kinect、Sixense 的全身体感设备 STEM（图 4.28）和雷蛇的 Hydra。这些设备和游戏手柄类似，有些按钮，但是它也具有运动感应功能。

STEM 设备包括 2 个手制控制器、3 个佩戴式追踪器和 1 个放置这些设备的基座，基座可以精确地追踪定位 5 个控制追踪器，可以放置于用户的双手、双脚或者头上。STEM 是一个模块化的系统，用户可以从 5 个控制追踪器里随意选择自己想用的，无论是拿着 2 个手制控制器，在游戏中抓取物品，还是把位置追踪器绑在手上，以此追踪手臂的动作，都可以靠这套设备轻易完成。

目前，体感设备在游戏领域主流的产品为微软公司的 XBOX，如 2017 年发布的 XBOX 天蝎座，以及索尼公司的 PSVR（Play Station VR），如图 4.29 所示。

图 4.28　STEM 全身体感设备

图 4.29　PSVR

本 章 小 结

　　本章介绍了定位追踪技术和一些输入设备，如跟踪器、三维鼠标、传统手柄及动作感应手柄。随着对虚拟世界可操作性的提高，为了在虚拟世界中完成更复杂的任务，出现了手势输入设备，包括数据手套和根据数据手套的原理研制出来的数据衣。目前比较流行的输入设备为体感输入设备，包括手势运动感应设备和无线体感设备。这些设备的目标都是实时捕捉用户的输入，并发送给运行仿真程序的计算机。正是这些特殊设备，使用户在与虚拟世界的自然交互中产生一种身临其境的逼真感。其中，虚拟技术应用于智能医学的诊疗方式，最大限度地减少了手术的外力侵入损伤，改善治疗效果，并减少并发症，从而提高安全性。随着科学的不断进步，将有更新更便利的输入设备出现，如直接用意念控制的脑波识别，这或许是输入的终极形态。

　　【注释】

　　1. 耦合关系：一般来说，某两个事物之间如果存在一种相互作用、相互影响的关系，那么这种关系就称"耦合关系"。这种耦合关系在电学里面经常存在。

　　2. 霍尔传感器：霍尔传感器是根据霍尔效应制作的一种磁场传感器。霍尔效应是磁电效应的一种，是研究半导体材料性能的基本方法。通过霍尔效应实验测定的霍尔系数，能够判断半导体材料的导电类型、载流子浓度及载流子迁移率等重要参数。

　　3. CCD：电荷耦合元件（charge-coupled device，CCD）为一种集成电路，CCD 上有许多排列整齐的电容，能感应光线，并将影像转变成数字信号。经由外部电路的控制，每个小电容能将其所带的电荷转给它相邻的电容。CCD 广泛应用在数码摄影、天文学，尤其是光学遥测技术、光学与频谱望远镜和高速摄影技术中。

4．微机电系统：（micro-electro-mechanical system，MEMS）也称为微电子机械系统、微系统、微机械等，是在微电子技术（半导体制造技术）基础上发展起来的，融合了光刻、腐蚀、薄膜、LIGA、硅微加工、非硅微加工和精密机械加工等技术制作的高科技电子机械器件。

5．陀螺仪（角运动检测装置）：陀螺仪是用高速回转体的动量矩敏感壳体相对惯性空间正交于自转轴的一个或两个轴的角运动检测装置。利用其他原理制成的角运动检测装置起同样功能的也称陀螺仪。

6．自然光：又称天然光，不直接显示偏振现象的光。天然光源和一般人造光源直接发出的光都是自然光。它包括了垂直于光波传播方向的所有可能的振动方向，所以不显示出偏振性。从普通光源直接发出的天然光是无数偏振光的无规则集合，所以直接观察时不能发现光强偏于哪一个方向。这种沿着各个方向振动的光波强度都相同的光称为自然光。

7．稳健性：是健壮和强壮的意思。它是在异常和危险情况下系统生存的关键。例如，计算机软件在输入错误、磁盘故障、网络过载或有意攻击情况下，能否不死机、不崩溃，就是该软件的稳健性。

8．光敏二极管：又称为光电二极管（photodiode）是一种能够将光根据使用方式，转换成电流或者电压信号的光探测器。

9．注入站：向导航卫星注入导航信息的地面无线电发射站。

10．刚性连接：通过对用交联材料制成的热收缩管（带）进行火焰加热，使热收缩管（带）内表面的热熔胶与管材外表面粘接成一体，热收缩管（带）冷却固化形成恒定的包紧力的管道连接方法，属刚性连接。

11．世界坐标系：是系统的绝对坐标系，在没有建立用户坐标系之前画面上所有点的坐标都是以该坐标系的原点来确定各自的位置的。

12．普适计算：又称普存计算、普及计算（pervasive computing 或者 ubiquitous computing），这一概念强调和环境融为一体的计算，而计算机本身则从人们的视线里消失。在普适计算的模式下，人们能够在任何时间、任何地点以任何方式进行信息的获取与处理。

13．力敏元件：特征参数随所受外力或应力变化而明显改变的敏感元件。

第5章　虚拟现实系统的输出设备

 导学

内容与要求

本章介绍虚拟现实系统的输出设备，输出设备为用户提供仿真过程对输入的反馈。通过输出接口给用户产生反馈的感觉通道，包括视觉（通过图形显示设备）、听觉（通过三维声音显示设备）和触觉（通过触觉显示设备）。

1. 图形显示设备部分要求了解图形显示设备的概念、人类的视觉系统原理，掌握头盔显示器的概念和常用头盔显示器，了解单通道立体投影系统、多通道环幕立体投影显示系统、洞穴状自动虚拟系统、球面投影系统的概念和原理及立体眼镜的原理。

2. 声音显示设备部分要求了解声音显示设备的概念、人类听觉系统原理、基于HRTF的三维声音和基于扬声器的三维声音的原理和应用。

3. 触觉反馈部分要求掌握触觉反馈和力反馈的概念与区别，了解人类触觉系统、触觉鼠标和iMotion触觉反馈手套的原理和应用、力反馈操纵杆和CyberGrasp力反馈手套的原理和应用、触觉反馈在智能医学中的应用。

重点与难点

本章的重点是掌握图形显示设备、声音显示设备、接触反馈设备和力反馈设备的概念和应用，头盔显示器的概念，常用沉浸式立体投影显示系统的原理和应用，基于HRTF的三维声音和基于扬声器的三维声音的原理和应用，难点是了解人类视觉系统原理、人类听觉系统原理和人类触觉系统原理。

人置身于虚拟世界中，要体验到沉浸的感觉，就必须让虚拟世界能模拟人在现实世界中的多种感受，如视觉、听觉、触觉、力觉、痛感、味觉、嗅觉等。输出设备的作用就是将虚拟世界中各种感知信号转变为人所能接收的多通道刺激信号，现在主要应用的输出设备是视觉、听觉和触觉（力觉）的设备。

这些输出设备在智能医学应用方面非常突出和具有前沿性，如利用触觉反馈打造虚拟现实智能手术系统等。

5.1 图形显示设备

图形显示设备是一种计算机接口设备，它把计算机合成的场景图像展现给虚拟世界中参与交互的用户。在虚拟现实系统中，图形显示设备是不可或缺的。

在人的感觉中，视觉摄取的信息量最大，反应最敏锐。所以，视觉感知的质量在用户对环境的主观感知中占有重要地位。对于虚拟现实环境而言，实时动态的图形视觉效果是产生现实感觉的首要条件，也是实现交互性的关键。因此，在各种各样的虚拟现实应用环境中，图形显示设备是最重要的设备。头盔显示器、沉浸式立体投影系统、立体眼镜等都是虚拟现实系统中常见的图形显示设备。图形显示设备正向分辨率高、延迟小、质量小、行动限制小、跟踪精度高等方向发展。

5.1.1 人类的视觉系统

要设计图形显示设备，就必须先了解人类的视觉系统。一个有效的图形显示设备需要使它的图像特性与人类观察到的合成场景相匹配。

人眼有 126000000 个感光器，这些感光器不均匀地分布在视网膜上。视网膜的中心区域称为中央凹，它是高分辨率的色彩感知区域，周围是低分辨率的感知区域。被显示的图像中投影到中央凹的部分代表聚焦区。在仿真过程中，观察者的焦点是无意识地动态变化的，如果能跟踪到眼睛的动态变化，就可以探测到焦点的变化。

人类视觉系统的另一个重要特性是视场（field of view，FOV）。一只眼睛的水平视场大约是 150°，垂直视场大约是 120°，双眼的水平视场大约是 180°。观察体的中心部分是立体影像区域，在这里两只眼睛定位同一幅图像，水平重叠的部分大约是 120°。大脑利用两只眼睛看到的图像位置的水平位移测量深度，也就是观察者到场景中虚拟对象的距离。人类立体视觉的生理模型如图 5.1 所示。

在视场中，眼睛定位观察者周围的对象。例如，对象 A 位于对象 B 的后面。当目光集中在对象 B 的一个特征点时，聚焦在固定点 F 上。视轴和固定点的连线之间的夹角确定了汇聚角。这个角度同时也依赖于左眼瞳孔和右眼瞳孔之间的距离，这个距离称为内瞳距（interpupillary distance，IPD），成年男女的内瞳距为 53～73mm。内瞳距是人们解释真实世界中距离对象远近的基线，内瞳距越大，汇聚角就越大。固定点 F 对于两只眼睛的位置不同，因此在左眼和右眼呈现出水平位移，这个位移称为图像视差。

为了使人脑能理解虚拟世界中的深度，虚拟现实的图形显示设备必须能产生同样的图像视差。实现立体图形显示，需要输出两幅有轻微位移的图像。当使用两个设备时（如头盔显示器），每个设备都为相应的眼睛展示它生成的图像；当使用一个显示设备时，需要按时间顺序（如使用快门眼镜）或空间顺序（如自动立体图像显示）一次产生两幅图像。

图 5.1　人类立体视觉的生理模型

立体视觉在图像视差非常大的近场显示中是一个很好的深度线索。当观察对象距离观察者越远，观察体中的水平偏移就越小，因此在距离用户 10m 以外的地方，立体视差会大幅度降低，这时根据图像中固有的线索也可以感知到深度，如线性透视、阴影、遮挡（远处的对象被近处的对象挡住）、表面纹理和对象细节等。运动视差在单场深度感知中同样很重要，因此当用户移动头部时，近处的对象看上去比远处的对象移动的更多。即使使用一只眼睛，这些深度仍然是有效的。

设计满足所有这些需要，同时符合人机工程学的要求，并且价格便宜的图形显示设备，是一项非常艰巨的技术任务。

5.1.2　头盔显示器

头盔显示器是常见的图形显示设备，利用头盔显示器将人对外界的视觉封闭，引导用户产生一种身在虚拟环境中的感觉。头盔显示器的使用方式为头戴式，辅以 3 个自由度的空间跟踪定位器，可进行虚拟现实输出效果观察，同时观察者可做空间上的自由移动，如自由行走、旋转等。

1. 头盔显示器的起源与发展趋势

早在 1968 年，美国 ARPA 信息处理技术办公室主任 Ivan Sutherland 建立了"达摩克里斯之剑"头盔显示器，它被认为是世界上第一个头盔显示器。它采用传统的轴对称光学系统，体积和质量都较大的 CRT 显示器，佩戴者可以看到一个悬浮在空中的立体正方体。"达摩克利斯之剑"头盔显示器如图 5.2 所示。

图 5.2　"达摩克利斯之剑"头盔显示器

"达摩克利斯之剑"头盔显示器已经具备了现代虚拟现实头盔显示器的基本要素。

1）立体显示，用两个 1 英寸（1in＝25.4mm）的 CRT 显示器显示有深度的立体画面。

2）虚拟画面生成，图像实时计算渲染立方体的边缘角度变化。

3）机械连杆和超声波检测的头部位置追踪。

4）通过空间坐标建立定位立方体的 8 个顶点，使立方体可以随着人的视角而变化。

CRT 显示器成本低、来源可靠、影像质量良好，但其具有电源需求大、正极电压高、产生高热等缺点。所以，现在的头盔显示器器件主要为平板（flat panel）显示器、液晶显示器、场致发光（electroluminescent）显示器、发光二极管显示器、场致发射（field emission）显示器、真空荧光（vacuum fluorescent）显示器、等离子（plasma）显示器、微镜片装置（micro-mirror device）显示器。

在引进人工智能和光纤传输技术后，预计未来头盔显示器会有革命性的发展，头盔显示器和各种传感器间的综合程度会更好，并有更高的资料更新率及智能型的信息显示。同样，目前飞行员在转动头部时出现了图像迟滞现象，未来应该都会完全克服。

在未来的研究中，实现眼部无疲劳将成为头盔显示器发展的重要趋势。另外，为了提高用户使用的舒适度，在头盔显示系统中加入手势识别等更加智能的交互技术，也是头盔显示器未来发展的重要趋势。

2．头盔显示器的原理

头盔显示器把图像投影到用户面前 1～5m 的位置，通过放置在头盔显示器小图像面板和用户眼睛之间的特殊光学镜片，能使眼睛聚焦在很近的距离而不易感到疲劳，同时也能起到放大小面板中图像的作用，使它尽可能填满人眼的视场，如图 5.3 所示。唯一的负面影响是显示器像素之间的距离（A_1A_2）也同时被放大了。因此，头盔显示器的颗粒度（arc-minutes/pixel）在虚拟图像中变得很明显。头盔显示器分辨率越低，视场越高，眼睛视图中对应于每个像素的 arc-minutes 数目也就越大。但是，如果视场过大，会使出口瞳孔直径变大，从而在图像边缘产生阴影。

图 5.3　简化的头盔显示器光学模型

3. 头盔显示器的显示技术

普通消费级的头盔显示器使用液晶显示器（liquid crystal display，LCD），主要是为个人观看电视节目和视频游戏设计的，而不是为虚拟现实设计的，它们能接收（National Television Standards Committee，NTSC）[在欧洲是电视广播制式（phase alteration line，PAL）] 单视场视频输入。当集成到虚拟现实系统中时，需要把图形流输出的红绿蓝（red-green-blue，RGB）信号格式转换成 NTSC/PAL，如图 5.4 所示。头盔显示器控制器允许手工调节亮度，也允许把同样的信号发送给头盔显示器的所有显示器。

图 5.4　普通消费级（单视场）头盔显示器

专业级头盔显示器设备则使用 CRT 显示器，它能产生更高的分辨率，是专门为虚拟现实交互设计的，它接收 RGB 视频输入。如图 5.5 所示，在图形流中，两个 RGB 信号被直接发送给头盔显示器控制单元，用于立体观察。通过跟踪用户的头部运动，把位置数据发送给虚拟现实引擎，用于图形计算。

图 5.5　专业级（立体显示）头盔显示器

4．常见的数字头盔显示器

当今比较流行的数字头盔显示器有以下几种。

（1）HTC Vive 数字头盔显示器

HTC Vive 数字头盔显示器是由 HTC 与 Valve 联合开发的一款头盔显示器，HTC Vive 数字头盔显示器通过 1 个头戴式显示器、2 个单手持控制器、1 个能于空间内同时追踪显示器与控制器的定位系统给用户提供沉浸式体验，如图 5.6 所示。

图 5.6　HTC Vive 数字头盔显示器

HTC Vive 数字头盔显示器开发者采用了一块 OLED 屏幕，单眼有效分辨率为 1200 像素×1080 像素，双眼合并分辨率为 2160 像素×1200 像素。用户能在佩戴眼镜的同时戴上 HTC Vive，即使没有佩戴眼镜，400 度左右近视依然能清楚看到画面的细节。画面刷新率为 90Hz，显示延迟为 22ms，实际体验几乎零延迟，也不觉得恶心和眩晕。

HTC Vive 数字头盔显示器从最初在游戏领域带来沉浸式体验，延伸到可以在更多领域施展想象力和应用开发潜力。一个最现实的例子是，可以通过虚拟现实搭建场景，实现在医疗和教学领域的应用。例如，帮助医学院和医院制作人体器官解剖，让学生佩戴虚拟现实头盔显示器进入虚拟手术室观察人体各项器官、神经元、心脏、大脑等，并进行相关临床试验。

（2）Oculus Rift 数字头盔显示器

Oculus Rift 数字头盔显示器是一款为电子游戏设计的头盔显示器，如图 5.7 所示。Oculus Rift 具有两个目镜，每个目镜的分辨率为 640 像素×800 像素，双眼的视觉合并之后拥有 1280 像素×800 像素的分辨率。由于 Oculus Rift 中配有陀螺仪、加速计等惯性传感器，可以实时地感知用户头部的位置，并对应调整显示画面的视角。Oculus Rift 能够使用户身体感官中"视觉"的部分如同进入游戏中，戴上后几乎没有"屏幕"这个概念，用户看到的是整个世界。设备支持方面，开发者已有 Unity 3D、Source 引擎、虚幻 4 引擎提供官方开发支持。

（3）5DT 数字头盔显示器

5DT 数字头盔显示器具有超高分辨率，可提供清晰的图像和优质的音响效果，产品外形设计简约流畅、表面光洁、舒适、质量超轻，便于携带。用户可根据自己对沉浸感的需求进行不同层级的调节。另外，该显示器还有可进行大小调节的顶部旋钮、背部旋钮、穿戴式的头部跟踪器及便于检测的翻盖式设计，如图 5.8 所示。

图 5.7　Oculus Rift 数字头盔显示器　　　　图 5.8　5DT 头盔显示器

5.1.3　沉浸式立体投影系统

沉浸式立体投影系统采是一种最典型、最实用、最高级的沉浸式虚拟现实显示系统。系统以大幅面甚至是超大幅面的虚拟现实立体投影为显示方式，为参与者提供团体式（10～200 人）多人参与，集体观看、具有高度临场感的投入型虚拟空间环境，让所要交互的虚拟三维世界高度逼真地浮现于参与者的眼前，再结合必要的虚拟外设（如数据手套、六自由度位置跟踪系统或其他交互设备），参与者可从不同的角度和方位自由的交互、操纵，实现三维虚拟世界的实时交互和实时漫游。

根据沉浸程度的不同，沉浸式立体投影系统通常可分为大屏幕三维立体显示系统、柱面环幕立体投影系统、沉浸式虚拟现实显示墙系统、洞穴状自动虚拟系统、球面投影显示系统、桌面互动投影系统等。这类沉浸式显示系统非常适合于军事模拟训练、CAD/CAM（虚拟制造、虚拟装配）、建筑设计与城市规划、虚拟生物医学工程、3D GIS 科学可视化、教学演示等诸多领域的虚拟现实应用。

1. 大屏幕三维立体显示系统

大屏幕三维立体显示系统是沉浸式虚拟现实显示系统的初级形式,一套基于高端计算机虚拟现实工作站平台的入门级虚拟现实三维投影显示系统,该系统通常以一台图形计算机为实时驱动平台,两台叠加的立体专业 LCD 或 DLP 投影机作为投影主体显示一幅高分辨率的立体投影影像,所以又称为单通道立体投影系统。与传统的投影相比,该系统最大的优点是能够显示优质的高分辨率三维立体投影影像,为虚拟仿真用户提供一个有立体感的半沉浸式虚拟三维显示和交互环境,同时也可以显示非立体影像。但由于虚拟仿真应用的特性和要求,通常情况下均使用其立体模式,如图 5.9 所示。

图 5.9　大屏幕三维立体显示系统

在众多的虚拟现实三维显示系统中,大屏幕三维立体显示系统是一种低成本、操作简便、占用空间较小、性价比高的小型虚拟三维投影显示系统,其集成的显示系统使安装、操作使用更加容易,被广泛应用于高等院校和科研院所的虚拟现实实验室中,中国医科大学虚拟实验室就使用了单通道投影系统。

2. 柱面环幕立体投影系统

柱面环幕立体投影系统是目前非常流行的一种具有高度沉浸感的虚拟现实投影显示系统,系统采用环形的投影屏幕作为仿真应用的投射载体,所以通常又称为多通道环幕立体投影显示系统。根据环形幕半径的大小,通常为 120°、135°、180°、240°、270°、360° 不等,如图 5.10 所示。其屏幕的显示半径巨大,通常用于一些大型的虚拟仿真应用,如虚拟战场仿真、虚拟样机、数字城市规划、三维地理信息系统等大型场景仿真环境,近年来开始向展览展示、工业设计、教育培训、会议中心等专业领域发展。

3. 沉浸式虚拟现实显示墙系统

沉浸式虚拟现实显示墙系统是目前非常流行的一种高度沉浸的虚拟仿真显示系统,

该系统以多通道视景同步技术和数字图像边缘融合技术为支撑，将三维图形计算机生成的实时三维数字影像实时输出并以 1∶1 的大比例的立体图像显示在一个超大幅面的平面投影幕墙上，使用户获得一种身临其境的虚拟仿真视觉感受，如图 5.11 所示。它可根据场地空间的大小灵活地配置两三个甚至是若干个投影通道，无缝地拼接成极高分辨率的三维立体图像。

图 5.10　柱面环幕立体投影系统

图 5.11　沉浸式虚拟现实显示墙系统

4. 洞穴状自动虚拟系统

洞穴状自动虚拟系统（cave automatic virtual environment，CAVE）是一种基于投影的沉浸式虚拟现实设备，其特点是分辨率高、沉浸感强、交互性好，如图 5.12 所示。该系统可提供一个同房间大小的四面（或六面）立方体投影显示空间，供多人参与，所有参与者均完全沉浸在一个被三维立体投影画面包围的高级虚拟仿真环境中，借助相应虚拟现实交互设备（如数据手套、力反馈装置、位置跟踪器等），获得一种身临其境的高分辨率三维立体视听影像和六自由度交互感受。由于投影面积能够覆盖用户的所有视野，所以洞穴状自动虚拟系统能提供给用户一种前所未有的带有震撼性的身临其境的沉浸感。这种完全沉浸式的立体显示环境，为科学家带来了空前创新的思考模式。

图 5.12　洞穴状自动虚拟系统

科学家能通过洞穴状自动虚拟系统直接看到他们的可视化研究对象。例如，大气学家能"钻进"飓风的中心观看空气复杂而混乱无序的结构；生物学家能检查 DNA（deoxyribonucleic acid，脱氧核糖核酸）规则排列的染色体链对结构，并虚拟拆开基因染色体进行科学研究；理化学家能深入物质的微细结构或广袤环境中进行试验探索。可以说，洞穴状自动虚拟系统可以应用于任何具有沉浸感需求的虚拟仿真应用领域，是一种全新的、高级的、完全沉浸式的科学数据可视化手段。

5．球面投影显示系统

球面投影显示系统也是近年来新出现的沉浸式虚拟现实显示系统，也是通过三维投影显示方式予以实现，其最大的特点是视野非常广阔，能覆盖观察者的所有视野，从而能让观察者感觉完全置身于飞行场景中，给人身临其境的沉浸感，如图 5.13 所示。

图 5.13 球面投影显示系统

球面投影显示系统远不止普通科研工作者想象得那样简单，其所包括的技术模块有球面视锥的科学设计算法、多通道图像边缘融合曲面几何矫正、PC-Cluster 并行集群同步渲染技术。其中，球面视锥的科学设计算法是球面显示系统最关键的技术门槛，如果不能解决这个问题，即使做好边缘融合和几何校正，最后显示出来的三维效果也是错误的。

6．桌面互动投影系统

桌面互动投影系统通过小型投影系统将动态图像投影于投影屏上，取代传统文字、图像展示方式，具有展示新颖、设计独特等特点。用户可以在屏幕进行触控操作，取代传统的触摸屏，让人和数字内容交互变得直接，使用户得到全新的操作体验。多点触摸系统基于先进的计算机视觉技术，获取并识别手指在投影区域上的移动，以自然的手势姿态控制软件，实现图像的点击、缩放、三维旋转、拖拽，是一种极为自然和方便的互动模式，如图 5.14 所示。

图 5.14　桌面互动投影系统

5.1.4　立体眼镜

立体眼镜（3D 眼镜）种类很多，其中比较先进的一种采用"分时法"，通过 3D 眼镜与显示器同步的信号来实现。立体眼镜使观众观看的电影或电视节目就像一幕在面前发生的真实三维场景。戴上立体眼镜使人感觉身临其境。立体眼镜以结构简单、外形轻巧和价格低廉的特点成为大众理想的选择，是目前最为流行和经济适用的虚拟现实观察设备，3D VISION2 立体眼镜如图 5.15 所示。

图 5.15　3D VISION2 立体眼镜

立体眼镜的结构原理是，经过特殊设计的虚拟现实监视器能以 120～140Hz 或 2 倍于普通监视器的扫描频率刷新屏幕，与其相连的计算机向监视器发送 RGB 信号中含有两个交互出现的、略微有所漂移的透视图。与 RGB 信号同步的红外控制器发射红外线，立体眼镜中红外接收器依次控制正色液晶检波器保护器轮流锁定双眼视觉。因此，大脑中就记录有一系列快速变化的左、右视觉图像，再由人眼视觉的生理特征将其加以融合，就产生了深度效果，即三维立体画面。检波器保护器的开/关时间极短，只有几毫秒，而监视器的刷新频率又很高，因此，产生的立体画面无抖动现象。有些立体眼镜也带有头部跟踪器,能够根据用户的位置变化实时做出反应。与头盔显示器相比,立体眼镜结构轻巧、造价较低,而且佩戴很长时间也不会使眼睛产生疲劳。

5.2 声音显示设备

声音显示设备是一类计算机接口,它把计算机合成的场景声音展现给虚拟世界中参与交互的用户。声音可以是单声道的(两只耳朵听到相同的声音),也可以是双声道的(每只耳朵听到不同的声音)。声音显示设备在增加仿真的真实感中扮演着重要的角色,它是对 5.1 节介绍的图形显示设备仅提供的视觉反馈的补充。

5.2.1 人类的听觉系统

要了解三维声音显示原理,必须先了解人类在空间中定位声源的方法。声源定位是听觉系统对发声物体位置的判断过程,可以通过以下几个线索对声音进行识别和判断。

1. 纵向极坐标系统

纵向极坐标系统可表示三维声源位置,为了测量声音的位置,就必须先建立一个附着在头部的坐标系统。

如图 5.16 所示,声源的位置由 3 个变量唯一确定,分别称为方位角、仰角和范围。方位角 θ(±180°)是鼻子与纵向轴 Z 和声源的平面之间的夹角;仰角 ϕ(±90°)是声源和头部中心点的连线与水平面的夹角;范围 r(大于头的半径)是沿这条连线测量出的声源距离。大脑根据声音的强度、频率和时间线索判断声源的位置(方位角、仰角和范围)。

图 5.16 用于定位三维声音的纵向极坐标系统

108

2．方位角线索

声音从声源出发，以不同的方向在空气介质中传播，经过衰减及人的头脑反射和吸收过程，最后到达人的左右耳，左右耳因此感受到不同的声音。

声音在空间中的传播速度是固定的，那么声音先到达距离声源比较近的那只耳朵，稍后到达另一只耳朵，因为声音到达另一只耳朵得多走一段距离，这段距离可表示为 $a\theta + a\sin\theta$。声音到达两只耳朵的时间差称为两耳时差（interaural time difference，ITD），如图 5.17 所示。两耳时差可用下式来表达：

$$ITD = \frac{a}{c}(a\theta + a\sin\theta)$$

式中，a 是头的半径；c 是声音的传播速度；θ 是声源的方位角。当 $\theta = 90°$ 时，两耳时差最大；当声源位于头的正后方或者正前方时，两耳时差为 0。

大脑估计声源方位角的第二个线索是声音到达两只耳朵的强度，称为两耳强度差（interaural intensity difference，IID）。如图 5.18 所示，声音到达比较近的耳朵的强度比较远的耳朵强度大，这种现象称为头部阴影效果。对

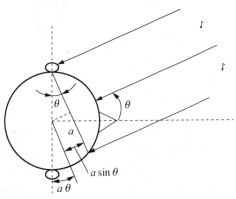

图 5.17　两耳时差示意图

于高频声音（大于 1.5kHz），用户能感觉到这种现象的存在；对于频率非常低的声音（低于 250Hz），用户是感觉不到这种现象的。

图 5.18　两耳强度差示意图

3．仰角线索

当在对头部进行建模时，把耳朵表示成简单的小孔，那么对于时间线索和强度线索都相同的声源，误区圆锥（cones of confusion）会使人产生倒置或前后混乱感觉。实际位于用户后面的声源，被用户感觉成位于前面，反之一样。但在现实中，耳朵并不是简单的小孔，而是有一个非常重要的外耳（耳廓），声音被外耳反射后进入内耳。如图 5.19 所示，来自用户前方的声源与头顶的声源有不同的反射路径，一些频率被放大，另一些

被削弱。之所以会被削弱，是因为声音和耳廓反射声音之间是有冲突的。既然声音和耳廓反射声音之间的路径差异随仰角的变化而变化，那么耳廓提供了声源仰角的主要线索。

图 5.19　声源位置与声音线路变化

4．距离线索

大脑利用对给定声源的经验知识和感觉到的声音响度估计声源和用户之间的距离。其中一个距离线索就是运动视差，或者说是当用户平移头部时声音方位角的变化。运动视差大，意味着声源就在附近。而对于距离很远的声源，当头部发生平移时，方位角几乎没有变化。另一个重要距离线索是来自声源的声音与经周围环境（墙、地板或天花板等）第一次反射后的声音之比。声音的能量以距离的平方衰减，而反射的声音不会随距离的变化发生太大变化。

5．与头部相关的传递函数

三维声音的硬件设计假设声源是已知的，需要有一个相应声音到达内耳的模型。但是，现象的多维性、个体的差异和对听觉系统的不全面理解，使建模工作非常复杂。

设计声音到达内耳模型的方法是把人放在一个有多个声源（扬声器）的圆屋顶下，并且在实验者的内耳放置一个微型传声器。当扬声器依次打开时，把传声器的输出存储下来并且进行数字化。这样，就可以用两个函数（分别对应一只耳朵）测量出对扬声器的响应，称为与头部相关的脉冲响应（head-related impulse responses，HRIR）。相应的傅里叶变换称为与头部相关的传递函数（head-related transfer functions，HRTF），它捕获了声音定位中用到的所有物理线索。正如前面讨论过的，HRTF 依赖于声源的方位角、高度、距离和频率。对于远声场声音，HRTF 只与方位角、高度和频率有关。每个人都有自己的HRTF，因为任何两个人的外耳和躯干的几何特征都不可能完全相同。

5.2.2　基于 HRTF 的三维声音

一旦通过实验确定了用户的 HRTF，就有可能获得任何声音，即有限脉冲响应（finite

impulse response，FIR）滤波器将回放声音通过耳机传递给用户。这样，用户就会产生听到了声音的感觉，并且能感觉到这个声音来自放置在空间中相应位置的虚拟扬声器。这种信号处理技术称为卷积。实验表明，该技术具有非常高的识别率，特别是当听到的声音是用自己的 HRTF 生成时，识别率会更高。

通用的方法是围绕一些通用的 HRTF 设计硬件。第一个虚拟三维音频输出设备是1988 年由 Crystal River Engineering 为美国航空航天局签约开发的。这个实时数据信号处理器称为 Convolvotron，由旋转在分离外壳中的一组与计算机兼容的双卡组成。随着数字信号处理（digital signal processing，DSP）芯片和微电子技术的进步，现在的Convolvotron 更加小巧，由处理每个声源的"卷积引擎"组成，其结构如图 5.20 所示。

图 5.20　Convolvotron 处理器结构

来自三维跟踪器的头部位置数据，通过 RS-232 总线被发送给主计算机。Convolvotron 主板上的每个卷积引擎开始计算相应的模拟声源相对于用户头部的新位置，然后根据脉冲查找相应的数据表，使用这些数据分别为左耳和右耳计算出新的HRTF。接下来，通过卷积引擎将滤波器作用于输入声音（第一次数字化之后的），再把从卷积器 1 得到的声音与卷积器 2 得到的声音累积在一起，以此类推，直到把所有的输出都累加到一起。最后把对应于所有的三维声源的合成声音转换成模拟信号，并发送到耳机。

5.2.3 基于扬声器的三维声音

最简单的多扬声器听觉系统是立体声格式的，它产生的声音来自 2 个扬声器所定义的平面。立体声格式可进一步改进为四声道的格式，在用户前面和后面各放 2 个扬声器。另一种配置是 5.1 环绕格式，即在用户前面放 3 个扬声器，侧面（左面和右面）放 2 个扬声器，还有 1 个是重低音。

这种多通道音频系统能产生出比立体声更丰富的声音，但是价格昂贵、结构复杂，而且占用更多的空间。最重要的是，这个声音显示是从扬声器中发出的，而不是来自周围的环境，听起来像是环绕在房间的四周，由于没有使用 HRTF，所以无法实现来自某个位置的声音。

近年来出现了新一代计算机三维声卡。这些声卡使用 DSP 芯片处理立体声或 5.1 格式的声音，并且通过卷积输出真实的三维声音。如图 5.21 所示，计算机的扬声器装在监视器的左右两侧，与监视器方向一致，面向用户。知道了用户头部的相对位置（面向计算机，位于较佳区域），就可以从查找表中检索得到 HRTF。这样，只要用户保持处于较佳位置区域中，就有可能创建出在用户周围有许多扬声器的假象，并且能设置扬声器的方位角和位置。

图 5.21　基于扬声器的三维声音

S_1—左扬声器发出的声音；S_r—右扬声器发出的声音；$H_{1,1}$—左耳和左扬声器之间的 HRTF；
$H_{r,1}$—右耳和左扬声器之间的 HRTF；$H_{1,r}$—左耳和右扬声器之间的 HRTF；
$H_{r,r}$—右耳和右扬声器之间的 HRTF；Y_1—到达左耳的声音；Y_r—到达右耳的声音近年来，许多公司已经开发出了能处理 6 声道数字声音的三维声卡，并用两个扬声器进行播放，如 SRS 生产的 TruSurround（资格虚拟环绕声）。SRS TruSurround HD 虚拟环绕技术如图 5.22 所示。TruSurround 声卡具有简化三维声音的能力，支持这类声卡的游戏能让游戏玩家通过听觉判断对手是从哪个方向靠近自己，从哪个方向进行攻击。SRS TruSurround 的显著特点是保留了这些声源中的原始多声道音频信息，从而能够形成附加幻觉声源，使聆听者感到 SRS 3D 更加丰富的环绕声场效果。

图 5.22　SRS TruSurround HD 虚拟环绕技术

5.3　触 觉 反 馈

触觉反馈这个词来自希腊语的 Happen，意思是接触，它们能传送一类非常重要的感官信息，用户能利用触觉来识别虚拟环境中的对象。触觉反馈与视觉反馈和三维听觉反馈相结合可以大大提高虚拟现实系统的真实感。

触觉反馈可以分为接触反馈（touch feedback）和力反馈（force feedback）。

5.3.1　人类触觉系统

人类触觉系统的输入是由感知循环提供的，对环境的输出（对触觉反馈接口而言）是以传感器-发动机控制循环为中介的。输入数据由众多的触觉传感器、本体感受传感器和温度传感器收集，输出的是来自肌肉的力和转矩。这个系统是不平衡的，因为人类产生触觉感知的速度要比做出反应的速度快得多。

1．触觉

皮肤中有 4 种触觉传感器，即迈斯纳小体、梅克尔细胞小体、帕尼奇小体和鲁菲尼小体。当这些触觉传感器受到刺激时，会产生很小的放电，最终被大脑所感知。

皮肤空间分辨率的变化取决于皮肤中感受器的密度。例如,指尖和手掌,指尖的感受器密度最高,可以区分出距离 2.5mm 的两个接触点;手掌却很难分别出距离 11mm 以内的两个接触点,用户的感觉是只有一个点。当在很短的时间内,在皮肤上连续发生两次接触时,需要用时间分辨率来补充空间分辨率。皮肤的机械性刺激感受器的连续感知极限仅为 5ms,远远小于眼睛的连续感知极限(25ms)。

本体感受是用户对自己身体位置和运动的感知。这是因为神经末梢位于骨骼关节中。感受器放电的振幅是关节位置的函数,它的频率对应于关节的速度。身体定位四肢的精确性取决于本体感受的分辨率或能检测出的关节位置的最小变化。

肌肉运动知觉是对本体感受的补充,它能感知肌肉的收缩和伸展。这是由位于肌肉和相应的肌腱之间的高尔基(Golgi)器官及位于单个肌肉中的肌梭实现的。

2. 传感器-发动机控制

身体的传感器-发动机控制系统使用触觉、本体感受和肌肉运动知觉来影响施加在触觉接口上的力。人类的传感器-发动机控制的关键特征是最大施力能力、持续施力、力跟踪分辨率和力控制带宽。

手指的触点压力取决于该动作是有意识的还是一种本能反应、抓握对象的方式,以及用户的性别、年龄和技巧。抓握方式可以分为精确抓握和用力抓握,如图 5.23 所示。精确抓握用于巧妙地操纵对象,对象只与手指接触;用力抓握时,对象被握在手掌和弯曲 90°以上的闭合手指指尖,它的稳定性更高,施加的力也更多,但是缺乏灵活性。触觉接口并不需要产生太大的力,因为用户无法维持太长时间的用力。

图 5.23　人的抓握几何

5.3.2　接触反馈

接触反馈传送接触表面的几何结构、虚拟对象的表面硬度、滑动和温度等实时信息。它不会主动抵抗用户的触摸运动，不能阻止用户穿过虚拟表面。

接触反馈，就是能够模拟"感觉"的一项技术。例如，如果你推动智能手机上的按钮，你就会真实地感觉到凹槽或者按钮的触感，尽管实际上那里什么也没有，只是一个平面屏幕。这样的世界，可以随心所欲地将触摸屏"转换"成任何我们想要的屏幕。常用的接触反馈设备如下。

1．触觉鼠标

计算机鼠标是一种标准接口，可以用来进行开放回路漫游、指点和选择操作。开放回路意味着信息流是单向的，用户只能从鼠标发送到计算机（X 和 Y 位置增量或按钮状态）。

在使用鼠标时，用户要一直观看屏幕，以免失去控制。触觉鼠标增加了响应用户动作的另一条线索，从而可以对此做出适当的补偿，即使把脸转过去也能感知到。

iFeel Mouse 就是一种触觉鼠标，如图 5.24 所示。它的外观和重量都与普通的鼠标相似，不同的是附加的电子激励器可以引起鼠标外壳的振动。

触觉反馈系统如图 5.25 所示，随着固定元件产生的磁场，激励器的轴上下移动。轴上有一个质量块，能产生超过 1 N 的惯性力，使用户的手掌感觉到振动。激励器垂直放在鼠标底座上，产生沿 Z 方向的振动。这种设计能尽可能减少振动对鼠标在 X—Y 平面移动时的影响，避免鼠标指点不精确。鼠标垫要比普通的厚一些，而且最好是碎屑质地，目的是能吸收一些来自桌面的反作用力。安装在鼠标上的微处理器使用光学传感器数据来确定鼠标的平移量，这些数据通过通用串行总线（universal serial bus，USB）发送给主计算机，USB 同时也用于提供电能。主机软件探测鼠标控制的屏幕箭头与具有触觉特性的窗口边框、图标或表面的接触。

图 5.24　iFeel Mouse　　　　　　　　图 5.25　触觉反馈系统

其结果是，指示触觉反馈开始和反馈类型的鼠标命令被发送给鼠标处理器。处理器继而把这些高级命令转换成振动幅度和频率，并通过激励器接口驱动激励器。如果计算机只发送了一个脉冲命令，用户感觉到的是一种"脉冲"触觉；如果计算机发送的是复杂的调幅脉冲命令，那么用户就能感觉到各种触觉纹理。

2．iMotion 触觉反馈手套

Intellect Motion 开发了一款名为 iMotion 的触觉反馈手套，如图 5.26 所示，其可以为 Oculus Rift 及任何配备摄像头的计算机，甚至 Android 设备带来动作操控。iMotion 是一款带有触觉反馈的体感控制器，可以通过设定的动作来实现对计算机、手机和平板计算机等设备的体感控制，并畅玩相关游戏。在外观上，iMotion 控制器的正面有 3 个 LED 灯，用于检测 X、Y、Z 轴的坐标和平面仰角、旋转角度等；背面有 4 颗力反馈装置，通过绑带来戴在手上，甚至腰间；而控制器内置的陀螺仪和加速计能够精准检测到玩家的任何动作，并最终解析为相关操作指令。

iMotion 触觉反馈手套采用优雅的机身设计，风格跟苹果公司的鼠标近似。据官方介绍，iMotion 触觉反馈手套可以提供精准的 3D 动作控制，并且横跨各大平台和诸多 APP。该设备在用户面前创建了一个虚拟的触摸空间，并且拥有触觉反馈，让用户"真实触摸"到游戏或应用中的物体。它能够欺骗人的大脑，让人误以为自己的双手正在推、拉，或者进行其他应用（游戏）想要的动作，如图 5.27 所示。iMotion 触觉反馈手套兼容计算机、游戏机，甚至手机和平板计算机。iMotion 触觉反馈手套能够配对 Oculus Rift 头盔显示器，因此人可以真正地置身于游戏的场景当中。iMotion 触觉反馈手套虚拟的触觉反馈创造了真实的按钮触感，沉浸式体验毋庸置疑。

图 5.26　iMotion 触觉反馈手套　　　　图 5.27　虚拟的触觉反馈

iMotion 触觉反馈手套内置陀螺仪、加速计，通过表面的 3 个 LED 灯来判断用户身体在 3D 空间的位置——检测 X、Y、Z 轴的坐标和平面仰角、旋转角度等，如图 5.28 所示。

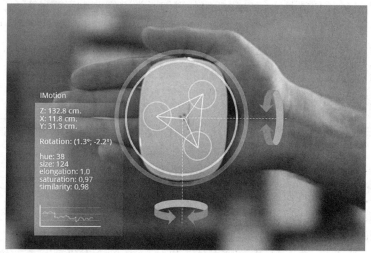

图 5.28　iMotion 触觉反馈手套内置的陀螺仪和加速计

iMotion 触觉反馈手套内包括 4 个力反馈装置，用来提供触觉反馈，如图 5.29 所示。iMotion 触觉反馈手套是通过蓝牙向用户发出信息的，提供 5 种不同的反馈模式，对应不同的强度和持续时间。

图 5.29　iMotion 触觉反馈手套内 4 个力反馈装置

5.3.3　力反馈

力反馈利用机械表现出的反作用力，将游戏数据通过力反馈设备表现出来，可以让用户身临其境地体验游戏中的各种效果。力反馈设备适用于虚拟会议、虚拟模型、维持路径规划、多媒体和分子模型化等诸多应用领域。

力反馈设备与接触反馈设备的区别如下。

1）力反馈设备要求能提供真实的力来阻止用户的运动，这样就需要使用更大的激励器和更重的结构，从而使这类设备更复杂、更昂贵。

2）力反馈设备需要牢固地固定在某些支持结构上，以防滑动和可能的安全事故，

117

如操纵杆的力反馈接口就是不可以移动的，它们通常固定在桌子或地面上。

3）力反馈设备具有一定的机械带宽，机械带宽表示用户（通过手指附件、手柄等）感觉到的力的频率和转矩的刷新率（单位为 Hz）。

常用力反馈设备如下。

1．力反馈操纵杆

力反馈操纵杆的特点是自由度较小，外观也较小巧，能产生中等大小的力，有较高的机械带宽。

较有代表性的例子就是 WingMan Force 3D 操纵杆，如图 5.30 所示。它有 3 个自由度，其中 2 个自由度具有力反馈，游戏中使用的模拟按钮和开关也具有力反馈。这种力反馈结构安装在操纵杆底座上，有 2 个直流电子激励器，通过并行运动机制连接到中心操作杆上。每个激励器都有一个绞盘驱动器和滑轮，可以移动一个由 2 个旋转连杆组成的万向接头机制。这 2 个激励器与万向接头部件互相垂直，允许中心杆前后倾斜和侧面（左右）倾斜。操纵杆的倾斜程度通过两个数字解码器测量，这两个数字解码器与发动机传动轴共轴。测量得到的角度值由操纵杆中附带的电子部件（传感器接口）处理后，通过 USB 发送给主计算机。当数/模转换器完成对模拟信号的转换后，操纵杆按钮的状态信息也被发送给计算机。计算机根据用户的动作改变仿真程序，如果有触觉事件（射击、爆炸、惯性加速）就提供反馈。这些命令继而被操纵杆的模/数转换器转换成模拟信号并放大，然后发送给产生电流的直流激励器。这样就形成了闭合的控制回路，用户就可以感觉到振动和摇晃，或者感觉到由操纵杆产生的弹力。

图 5.30 WingMan Force 3D 操纵杆

2．CyberGrasp 力反馈手套

力反馈手套是数据手套的一种，借助数据手套的触觉反馈功能，用户能够用双手"触碰"虚拟世界，并在与计算机制作的三维物体进行互动的过程中真实感受到物体的振动。触觉反馈能够营造出更为逼真的使用环境，让用户真实感触到物体的移动和反应。此外，系统也可用于数据可视化领域，能够探测出与地面密度、含水量、磁场强度、危害相似度或光照强度相对应的振动强度。

Immersion CyberGrasp 是一款设计轻巧而且有力反馈功能的装置，像是盔甲一般地附在 Immersion CyberGlove 上。用户可以通过 Immersion CyberGrasp 的力反馈系统去触摸计算机内所呈现的 3D 虚拟影像，感觉就像触碰到真实的东西一样，如图 5.31 所示。

Immersion CyberGrasp 最初是为美国海军的远程机器人专项合同进行研发的，利用它可以对远处的机械手臂进行控制，并真实地感觉到被触碰的物体。

图 5.31　CyberGrasp 力反馈手套

该产品质量很小，可以作为力反应外骨骼佩戴在 Immersion CyberGlove 数据手套（有线型）上使用，能够为每根手指添加阻力反馈。使用 Immersion CyberGrasp 力反馈系统，用户能够真实感受到虚拟世界中计算机 3D 物体的真实尺寸和形状。

接触 3D 虚拟物体所产生的感应信号会通过 Immersion CyberGrasp 特殊的机械装置而产生真实的接触力，让用户的手不会因为穿透虚拟的物件而破坏虚拟实境的真实感。

用户手部用力时，力量会通过外骨骼传导至与指尖相连的肌腱。一共有 5 个驱动器，每根手指一个，分别进行单独设置，可避免用户手指触摸不到虚拟物体或对虚拟物体造成损坏。高带宽驱动器位于小型驱动器模块内，可放置在桌面上使用。此外，由于 Immersion CyberGrasp 系统不提供接地力，所以驱动器模块可以与 GrapPack 连接使用，具有良好的便携性，极大地扩大了有效的工作区。

在用力过程中，设备发力始终与手指垂直，而且每根手指的力均可以单独设定。 Immersion CyberGrasp 系统可以完成整个手的全方位动作，不会影响佩戴者的运动。

Immersion CyberGrasp 系统为真实世界的应用带来巨大的利益，包括医疗、虚拟现实培训和仿真、计算机辅助设计和危险物料的遥操作。

5.3.4　触觉反馈在智能医学中的应用

1. 自带触觉反馈的机器人

澳大利亚迪肯大学和哈佛大学联手打造了一款名为 Hero Surg 的机器人，外观如图 5.32 所示。这款机器人是专门为腹腔镜手术打造的，所以它尤其适用于那些需要缝合微小组织的手术中。Hero Surg 和外面种类繁多的微创手术工具不同，它可以通过触觉反馈机制，将触觉传递给主刀医生及 3D 图像处理器，这样医生们就可以看到他们的手术刀具体割到的位置，可以让手术更加安全、精准度更高。

图 5.32　Hero Surg 机器人外观

Mohsen Moradi Dalvand 花了接近十年时间研究医学机器人技术及触觉系统，研制了 Hero Surg 机器人，如图 5.33 所示。Hero Surg 是主从式的手术系统；当它处于从属地位时，它配置了多重机械臂，上面附带有各种手术工具和腹腔镜；而当它处于主导地位时，它就成为为外科医生提供触觉的操控手柄。Hero Surg 机器人控制台如图 5.34 所示。

图 5.33　Hero Surg 机器人　　　　　图 5.34　Hero Surg 机器人控制台

另外，有了 Hero Surg 机器人，医生们可以感受到他们在使用器具的过程中，给患者施加力的大小。也就是说，当医生通过手术器具抓到了一些东西，或是在切割一些身体组织时，他们可以感受到自己对这个组织施加的力的大小，还可以感受到组织的软硬程度，并对组织的性质做出判断。触觉反馈让外科医生可以分辨各种组织，并且感受一些脆弱的组织是否被感染或是炎症摧残得更弱，然后将其剖析得更彻底。机器人外科手术系统发展势头很强劲，使用它的医生越来越多。

2．利用触觉反馈打造虚拟现实智能手术系统

英国 Fundamental VR 公司研发了一套虚拟现实智能手术系统，该系统可以通过触觉反馈让医学生感受手术过程中对人体的触感。

这套虚拟现实智能手术系统包含一台 HoloLens 头盔显示器，以及一支连接到标准

机械臂上的触笔。在虚拟现实中，这支触笔看起来就是一支注射器，通过一个按钮可以排空注射器，另一个按钮可以重新填满液体。在现实世界中移动触笔就可以在虚拟现实中移动注射器。当虚拟的针头接触到虚拟的皮肤、肌肉或者骨头时，不同介质带来的不同阻力能够通过触笔传导给用户，让他们对真实的人体有逼真的感受。

Fundamental VR 的首个系统用于膝关节内窥镜手术中，这种虚拟膝关节手术系统已经在美国国内多个医学中心广泛使用。通过对膝关节的多角度成像，公司打造出了一个完整的膝关节 3D 模型，如图 5.35 所示。现成的触觉设备既可以在系统中替代注射器，也可以根据需要替代任何需要的工具。

打造一个真实重现手术体验的系统需要人类智慧和高科技的融合，在建造虚拟现实膝关节置换手术时，Fundamental VR 在每一个环节都咨询了外科医生的意见。外科医生们还要参与如何将实际的手术经验转换为虚拟现实的版本。这就需要使用公司的触觉反馈开发引擎来连接真实和虚拟现实的世界。

Stan Dysart 是一名关节置换手术专家，他参与了整个在虚拟现实中重建手术感觉的过程。他为人体不同的元素分配一个号码，以对应一种触觉的质感。触觉设备有一个打分系统，帮助开发人员感受到针头在关节囊中的感觉，在肌肉、脂肪、在骨膜、骨头中的感觉。例如，如果是在纤维囊中，插入针头的感觉就像插入塑料；在关节囊中，由于关节囊具有一定的阻力，在针头不断深入时，这种阻力会释放。在虚拟现实中能够模拟出这种触觉的变化，并且在膝盖不同部位的触觉还不一样。在对这些不同的触觉编号之后，计算机就能够做出相应的处理：编号的数值越高代表医生遇到的阻力越大。如图 5.36所示，医生正在用虚拟现实智能手术系统进行膝关节手术。

外科医生都很喜欢这种方式，最重要的一点就是可以不断地反复练习，同时不会伤害到患者。在虚拟现实中，如果不小心将针头扎得太深，也没关系。医生会知道自己操作不当，然后一遍一遍反复练习来获得正确的技巧。能够在虚拟现实中学习到必要的手术技巧，在真实患者的身上操作之前，最大限度地提升自己的手术水平。

图 5.35　膝关节 3D 模型

图 5.36　利用虚拟现实智能手术系统进行膝关节手术

除了膝关节手术外，Fundamental VR 目前还开发另外两种手术流程，即软组织手术和脊椎手术，有望在 2018 年上线。

本章小结

本章介绍了虚拟现实专用的输出设备，通过输出接口给用户产生反馈的感觉通道。目前主要应用的输出设备是视觉、听觉和触觉（力觉）的设备，基于味觉、嗅觉等的设备有待开发研究。随着科技的不断进步，将有更便利、更智能的虚拟现实设备出现，在输出设备中加入手势识别等更加智能的交互技术，将是输出设备未来发展的重要趋势。

【注释】

1．视场：天文学术语，指望远镜或双筒望远镜所能看到的天空范围。视场代表着摄像头能够观察到的最大范围，通常以角度来表示。视场越大，观测范围越大。

2．液晶显示器：（liquid crystal display，LCD）。LCD 的构造是在两片平行的玻璃基板当中放置液晶盒，下基板玻璃上设置 TFT（薄膜晶体管），上基板玻璃上设置彩色滤光片，通过 TFT 上的信号与电压改变来控制液晶分子的转动方向，从而控制每个像素点偏振光出射与否达到显示目的。

3．NTSC：是 National Television Standards Committee 的缩写，意思是"（美国）国家电视标准委员会"。NTSC 负责开发一套美国标准电视广播传输和接收协议。此外还有两套标准，即逐行倒相（phase alteration line，PAL）和顺序与存色彩电视系统（sequentiel couleur a memoire，SECAM），用于世界上其他国家。NTSC 标准从产生以来除了增加了色彩信号的新参数之外没有太大的变化。NTSC 信号是不能直接兼容于计算机系统的。

4．PAL：电视广播制式，意思是逐行倒相，也属于同时制。

5．OLED：有机发光二极管，又称为有机电激光显示（organic light-emitting diode，OLED），由美籍华裔教授邓青云在实验室中发现，由此展开了对 OLED 的研究。OLED 显示技术具有自发光的特性，采用非常薄的有机材料涂层和玻璃基板，当有电流通过时，这些有机材料就会发光，而且 OLED 显示屏幕可视角度大，并且能够节省电能。

6．HTC Vive：由 HTC 与 Valve 联合开发的一款虚拟现实头盔产品，于 2015 年 3 月在 MWC2015 上发布。由于有 Valve 的 SteamVR 提供的技术支持，所以在 Steam 平台上已经可以体验利用 Vive 功能的虚拟现实游戏。

7．DLP 投影机：数码光处理投影机是美国德州仪器公司以数字微镜装置 DMD 芯片作为成像器件，通过调节反射光实现投射图像的一种投影技术。它与液晶投影机有很大的不同，它的成像是通过成千上万个微小的镜片反射光线来实现的。

8．边缘融合技术：分为纯硬件边缘融合（单片机原理）、软件融合（GPU）、集成式边缘融合服务器（集融合矫正、布局窗口、信号输入、中央控制等功能为一体），主要技术特点是将多台投影机投射出的画面进行边缘重叠，并通过融合图像技术将融合亮带进行几何矫正、色彩处理，最终显示出一个没有物理缝隙，并更加明亮、超大、高分辨率的整幅画面，画面的效果就像是一台投影机投射的画面。

9．卷积：在泛函分析中，卷积、旋积或摺积（convolution）是通过两个函数 f 和 g 生成第三个函数的一种数学算子，表征函数 f 与 g 经过翻转和平移的重叠部分的面积。如果将参加卷积的一个函数看作区间的指示函数，卷积还可以被看成"滑动平均"的推广。

10．RS-232：个人计算机上的通信接口之一，由电子工业协会（Electronic Industries Association, EIA）所制定的异步传输标准接口。通常 RS-232 接口以 9 个引脚（DB-9）或是 25 个引脚（DB-25）的形态出现，一般个人计算机上会有两组 RS-232 接口，分别称为 COM1 和 COM2。

11．迈斯纳小体（Meissner corpuscle）：又称触觉小体，分布在皮肤真皮乳头内，以手指、足趾的掌侧的皮肤居多，感受触觉，其数量可随年龄增长而减少。

12．梅克尔细胞（Merkel cell）：是树枝状细胞的一种，位于光滑皮肤的基底细胞层及有毛皮肤的毛盘，数量很少。多数情况下，位于神经末梢，因此被称为 Merkel 神经末梢（merkel nerve endings）。

13．帕奇尼小体（Pacinian corpuscle）：又称环层小体（lamellar corpuscle），体积较大（直径 1～4mm），卵圆形或球形，广泛分布在皮下组织、肠系膜、韧带和关节囊等处，感受压觉和振动觉。小体的被囊由数十层呈同心圆排列的扁平细胞组成，小体中央有一条均质状的圆柱状。有髓神经纤维进入小体失去髓鞘，裸露轴突穿行于小体中央的圆柱体内。

14．鲁菲尼小体（Ruffini corpuscle）：是机械刺激感受器中的一种触觉感受器。呈长梭形，被膜松弛，位于真皮内，属于本体感觉器，是一种慢适应感受器。

15．Golgi 器官：最早由 Golgi 发现，故又名高尔基腱器官（Golgi tendon organ）。腱器官的功能是将肌肉主动收缩的信息编码为神经冲动，传入中枢，产生相应的本体感觉。

16．惯性力（inertial force）：指当物体加速时，惯性会使物体有保持原有运动状态的倾向，若是以该物体为参照物，看起来就仿佛有一股方向相反的力作用在该物体上，因此称为惯性力。因为惯性力实际上并不存在，实际存在的只有原本将该物体加速的力，因此惯性力又称为假想力（fictitious force）。

17．Oculus Rift：一款为电子游戏设计的头戴式显示器。这是一款虚拟现实设备。这款设备很可能改变未来人们游戏的方式。Oculus Rift 具有两个目镜，每个目镜的分辨率为 640 像素×800 像素，双眼的视觉合并之后拥有 1280 像素×800 像素的分辨率。

18. 转矩：机械元件在转矩作用下都会产生一定程度的扭转变形，故转矩有时又称为扭矩（torsional moment）。转矩是各种工作机械传动轴的基本载荷形式，与动力机械的工作能力、能源消耗、效率、运转寿命及安全性能等因素紧密联系，转矩的测量对传动轴载荷的确定与控制、传动系统工作零件的强度设计及原动机容量的选择等都具有重要的意义。

第6章　三维数字建模与三维全景技术

 导学

内容与要求

本章主要介绍三维数字建模的概念、特点、方法、发展趋势和全景及三维全景的概念、分类、特点及应用领域，并对全景照片的拍摄硬件及方案进行了详细讲解，介绍了三维全景的软件实现方法。

1. 三维数字建模要求掌握三维数字建模的概念、特点、方法。

2. 三维全景概述要求掌握全景的概念，虚拟全景和现实全景的区别，三维全景的特点和分类。了解三维全景的应用领域和行业。

3. 全景照片的拍摄硬件要求掌握常见的硬件设备及配置方案，了解全景云台与照相机、三脚架的安装方法。

4. 全景照片的拍摄方法要求掌握柱面全景、球面全景、对象全景照片的拍摄流程和技巧，并能结合学习、工作环境进行实地拍摄。了解数码照相机的参数和术语。

5. 三维全景的软件实现要求掌握用全景大师软件制作三维全景漫游的方法。

6. 智能三维全景的应用要求了解智能化医院三维全景导航系统和智能全景盲区行车辅助系统。

重点与难点

本章的重点是掌握三维数字建模的理论和三维全景的特点、分类和应用领域，难点是了解全景照片的拍摄方法及后期软件实现。

随着数字信息和多媒体技术的迅猛发展，人们进入了丰富多彩的图形世界。人类传统的认知环境是多维化的信息空间，而以计算机为主体处理问题的单维模式与人的自然认知习惯有很大区别。由此，虚拟现实技术应时而生，该技术代表了包括信息技术、传感技术、人工智能、计算机仿真等学科技术的最新发展。计算机件技术、计算机视觉、计算机图形学方面的高速发展，特别是三维全景技术的出现和日益成熟，为虚拟现实的广泛应用打开了新的领域，而且三维数字建模和三维全景技术将虚拟现实和人工智能、互联网传播有机结合，使其更具传递性和应用性。

6.1　三维数字建模概述

　　三维数字建模利用三维数据将现实中的三维物体或场景在计算机中进行重建，最终在计算机上模拟出真实的三维物体或场景。而三维数据就是使用各种三维数据采集仪采集得到的数据，它记录了有限体表面在离散点上的各种物理参量。三维数字建模在各个领域中发挥着越来越重要的作用。

　　1．三维数字建模的概念

　　三维数字建模在现实中非常常见，雕刻、制作陶瓷艺术品等都是三维数字建模的过程。人脑中的物体形貌在真实空间再现出来的过程，就是三维数字建模的过程。广义地讲，所有产品制造的过程，无论手工制作还是机器加工，都是将人们头脑中设计的产品转化为真实产品的过程，可称为产品的三维数字建模过程。狭义地讲，三维数字建模是指在计算机上建立完整的产品三维数字模型的过程。一般来说，三维数字建模必须借助软件来完成，这些软件常被称为三维数字建模系统。

　　2．三维数字建模的特点

　　三维数字建模有以下特点。

　　1）三维数字建模呈现立体感，具有动画演示产品的动作过程，直观、生动、形象。

　　2）三维数字建模的图形、特征元素之间通过参数化技术保持数据一致，尺寸和几何关系可以随时调整，更改方便。

　　3）三维数字建模的造型方法多样，较好地适应工程需要，支持工程应用，支持标准化、系列化和设计重用，支持产品数据管理、并行工程等。

　　3．三维数字建模的方法

　　三维数字建模的方法从原理上可以分为线框建模、表面建模、实体建模。

　　（1）线框建模

　　线框建模是利用基本线素来定义设计目标的棱线部分构成的立体框架图的一种建模技术。线框建模生成的实体模型由一系列的直线、圆弧、点及自由曲线组成，描述的是产品的轮廓外形，如图 6.1 所示。

　　线框建模的优缺点如下。

1）优点：线框建模只有离散的空间线段，处理起来比较容易，构造模型操作简便，所需信息最少，数据结构简单，硬件的要求不高。系统的使用如同人工绘图的自然延伸，对用户的使用水平要求低，用户容易掌握。

图 6.1　线框建模

2）缺点：线框建模构造的实体模型只有离散的边，没有边与边的关系。信息表达不完整，会使物体形状的判断产生多义性。复杂物体的线框模型生成需要输入大量初始数据，数据的统一性和有效性难以保证，加重输入负担。

（2）表面建模

表面建模是将物体分解成组成物体的表面、边线和顶点，用顶点、边线和表面的有限集合表示和建立物体的计算机内部模型的一种建模技术。

表面建模分为平面建模和曲面建模两类。

1）平面建模是将形体表面划分成一系列多边形网格，每一个网格构成一个小的平面，用一系列的小平面逼近形体的实际表面，如图 6.2 所示。

2）曲面建模是把需要建模的曲面划分为一系列曲面片，用连接条件拼接来生成整个曲面，如图 6.3 所示。

图 6.2　平面建模　　　　　　　　　　图 6.3　曲面建模

（3）实体建模

实体建模是利用实体生成方法产生实体初始模型，通过几何的逻辑运算，形成复杂实体模型的一种建模技术。图 6.4 为平面轮廓扫描法生成的实体模型。

图 6.4 平面轮廓扫描法生成的实体模型

实体模型具有以下特点。

1）由具有一定拓扑关系的形体表面定义形体，表面之间通过环、边、点建立联系。

2）表面的方向由围绕表面的环的绕向决定，表面法向矢量指向形体之外。

3）覆盖一个三维立体的表面与实体，同时生成模型。

4. 三维数字建模的发展趋势

三维数字建模方便、直观，包含的信息完整、丰富，对于虚拟现实产品的创新、开发非常重要。

三维数字建模系统的主要发展方向如下。

1）标准化：主要体现在不同虚拟现实软件系统间的接口和数据格式标准化。

2）集成化：虚拟现实产品的各种信息（如材质等）与三维数字建模系统的集成。

3）智能化：三维数字建模更人性化、智能化，如建模过程中的导航、推断、容错能力等。

4）网络化：包括硬件与软件的网络集成实现、各种通信协议及制造自动化协议、信息通信接口、系统操作控制策略等，是实现各种虚拟现实系统自动化的基础。

5）专业化：从通用设计平台向专业设计转化，结合行业经验，实现知识融接。

6）真实感：在外观形状上更趋真实化，外观感受、物理特性上更加真实。

不论从技术发展方向还是政策导向上看，三维数字建模都将在虚拟现实实现过程中占据重要的地位，成为虚拟现实设计人员必备的技能之一。

6.2 三维全景概述

全景（panoramic）是一种虚拟现实技术，这项技术使用照相机环绕四周进行 360°拍摄，并将拍摄到的照片拼接成一个全方位、全角度的图像，这些图像可以在计算机或互联网上被浏览或展示。

全景可分为两种，即虚拟全景和现实全景。虚拟全景是利用 3ds Max、Maya 等软件制作的模拟现实的场景；现实全景是利用单反数码照相机拍摄实景照片，由软件进行特殊的拼合处理而生成的真实场景。本章主要介绍现实全景。

三维全景（three dimensional panorama）是使用全景图像表现虚拟环境的虚拟现实技术，也称虚拟现实全景。该技术通过将全景图进行逆投影至几何体表面来复原场景空间信息。简单地说，就是将拍摄到的真实照片经过加工处理，让用户产生三维真实的感觉，这是普通图片和三维数字建模技术都做不到的。虽然普通图片也可以起到展示和记录的作用，但是它的视角范围受限，也缺乏立体感，而三维全景在给用户提供全方位视角的基础上，还给用户带来三维立体体验。

虚拟现实技术在实现方式上可分为两类，即完全沉浸式虚拟和半沉浸式虚拟。其中，完全沉浸式虚拟需要特殊设备辅助呈现场景和反馈感官知觉，半沉浸式虚拟强调简易性和实时性，普通设备（如扬声器、显示器、投影仪等）都可以作为其表现工具。所以如果从表现形式角度划分，三维全景技术属于半沉浸式虚拟。

6.2.1　三维全景的分类

据统计，60%～80%的外部世界信息是由人的视觉提供的，因此，生成高质量的场景照片成为虚拟现实技术的关键。目前，三维全景根据拍摄照片的类型可以分柱面全景、球面全景、立方体全景、对象全景、球形视频等几种类型。

1. 柱面全景

柱面全景就是人们常说的"环视"。该技术起步较早，发展也较为成熟，实现起来也较为简单。柱面全景的拍摄原理：把拍摄的照片投影到以照相机视点为中心的圆柱体内表面，可以以水平 360° 方式观看四周的景物。柱面全景示意图如图 6.5 所示。

柱面全景图的优点如下。

1）因为圆柱面展开后成为一个矩形平面，所以柱面全景图展开后就成为一个矩形图像，然后利用其在计算机内的图像格式进行存取。

2）图像的采集快捷方便。仅通过简单的硬件，如数码照相机、三脚架、全景云台就可以实现采集，且不受周围环境的限制。

柱面全景图的缺点：用鼠标向上或向下拖动时，仰视和俯视的视野受到限制，既看不到天，也看不到地，即垂直视角小于 180°。

在实际应用中，柱面全景环境能够比较充分地表现出空间信息和空间特征，是较为理想的选择方案之一。

2. 球面全景

球面全景图是将原始图像拼接成一个球体的形状，以照相机视点为球心，将图像投影到球体的内表面。球面全景图可以实现水平方向 360° 旋转、垂直方向 180° 俯视和仰视的视线观察，如图 6.6 所示。

球面全景图的存储方式及拼接过程比柱面全景图复杂，这是因为生成球面全景图的过程中需要将平面图像投影成球面图像，而球面为不可展曲面，实现一个平面图像水平和垂直方向的非线性投影过程非常复杂，同时也很难找到与球面对应且易于存取的数据结构来存放球面图像。

图 6.5　柱面全景示意图

图 6.6　理光照相机 Ricoh Theta 拍摄的球面全景照片

3．立方体全景

立方体全景图由 6 个平面投影图像组合而成，即将全景图投影到一个立方体的内表面上，如图 6.7 所示。由于图像的采集和照相机的标定难度相对较大，需要借助特殊的拍摄装置，如三脚架、全景云台等，依次在水平、垂直方向每隔 90°拍摄一张照片，获得 6 张可以无缝拼接于一个立方体的 6 个表面上的照片。立方体全景图可以实现水平方向 360°旋转、垂直方向 180°俯视和仰视的视线观察。

图 6.7　立方体全景示意图

4．对象全景

对象全景是以一件物体（即对象）为中心，通过立体 360°球面上的众多视角来观看物体，从而生成对这个对象的全方位的图像信息，如图 6.8 所示。对象全景的拍摄特点：拍摄时瞄准物体，当物体每转动一个角度，就拍摄一张，顺序完成拍摄一组照片。这与球面全景的拍摄刚好相反。当在互联网上展示时，用户用鼠标来控制物体旋转、放大与缩小等，并以此来观察物体的细节。

对象全景的应用主要在电子商务领域，如互联网上的家具、手机、工艺品、汽车、化妆品、服装等商品的三维展示。

5．球形视频

球形视频是以球形方式呈现的动态全景视频，是一种可以看到全方位、全角度的视频直播，如图 6.9 所示。例如，美国美式橄榄球大联盟的爱国者队与名为 Strivr Labs 公司合作推出的球队 360°全景训练视频，使球迷在家里就能与心爱的球队融入一体，参与训练甚至比赛，得到一种与众不同、充满刺激的视觉体验，这对于提高球迷的忠诚度，提升球队魅力，扩大球队宣传是大有裨益的。但是该项技术对网络带宽的要求较高，现实的网络带宽有可能限制其发展。

图 6.8　对象全景示意图

图 6.9　球形视频直播现场

6.2.2　三维全景的特点

将三维全景图像与平面图像进行比较，发现平面图像表现相对单一，缺少交互性，且只能表现小范围内的局部信息。而三维全景图像通过全景播放软件的特殊透视处理，带给观赏者强烈的立体感、沉浸感，具有良好的交互功能，且在单张全景图上就可以表现360°范围内的场景信息。具体来讲，三维全景的特点及优势主要体现在以下几个方面。

1．真实感强，制作成本低

基于照片制作的三维全景以真实场景图像为基础，其构成环境是对现实世界的直接表现。三维全景的制作速度快，生成时间与场景复杂度无关，制作周期短，成本低，操作方便，对计算机的要求也不高，在家里的计算机上就可以操作绘制。

2．界面友好，交互性强

用户可以用鼠标或键盘控制环视的方向，进行上下、左右的浏览，也可进行场景的放大、缩小、前进、后退等，使用户能从任意角度、互动性地观察场景，具有身临其境的感觉。

3．文件小，可传播性强

三维全景以栅格图片为内容构成，文件小（一般为 50KB～2MB），具有多种发布形式，能够适合各种需要和形式的展示应用。三维全景呈现时只需要基础设备（显示器及扬声器等）便可模拟真实场景。易于表达、制作方便是三维全景得以快速发展的重要原因。三维全景的特性易于互联网传播,在 B/S 模式下,只需在客户端浏览器上安装 HTML、Java、Flash、Active-X 等特定插件,便可实现虚拟浏览。

4. 可塑性和保密性强

可塑性就是可以根据不同的需求实现用户的目标,如添加背景音乐、旁白、解说、添加天空云朵、彩虹等功能。同时可通过域名定点加密(全景只能在指定的域名下播放,下载后无法显示)、图片分割式加密等多种手段有效地保护图片的版权。

6.2.3　三维全景的应用领域

三维全景以其立体感强、沉浸感好、交互性好等优势在诸多领域有着广泛的应用,主要包括以下几个应用领域。

1. 景区展示

三维全景可以全方位、高清晰地展示景区的优美环境,给观众一种身临其境的体验,是旅游景区、旅游产品宣传推广的较好创新手法,还可以用米制作风景区的讲解光盘、名片光盘、旅游纪念品、特色纪念物等。三维全景展示旅游景点如图 6.10 所示。

图 6.10　三维全景展示旅游景点

2. 宾馆、酒店

在互联网订房已经普及的时代,在网站上用全景展示酒店、宾馆的各种餐饮和住宿设施,是吸引客户的好方法。酒店利用三维全景展现宾馆温馨舒适的环境,使客户可以远程浏览宾馆的外观、大堂、客房、会议室、餐厅等各项服务场所,从而吸引客户并提高客房预订率;也可以在酒店大堂提供客房的全景展示,这样,客户不必在各个房间、会场穿梭,就能观看各房间的真实场景,更方便客户挑选和确认客房,进而提高工作效率。三维全景展示宾馆、酒店环境如图 6.11 所示。

3. 房地产

房产开发销售公司可以利用虚拟全景漫游技术展示园区环境、楼盘外观、房屋结构布局、室内设计、装修风格、设施设备等。通过互联网,购房者在家中即可仔细查看房屋的各个方面，提高潜在客户购买欲望；也可以将虚拟全景制作成多媒体光盘赠送给购房者，让其与家人、朋友分享，增加客户忠诚度，做更精准有效的传播；还可以通过触摸屏或者大屏幕现场演示，给购房者提供方便，节省交易时间和成本。如果房地产产品是分期开发，可以将已建成的小区做成全景漫游，对于开发商而言，是对已有产品的一种数字化整理归档；对于消费者而言，可以增加信任感，促进后期购买欲望。三维全景展示房地产产品如图 6.12 所示。

图 6.11　三维全景展示宾馆、酒店环境

图 6.12　三维全景展示房地产产品

4．电子商务

三维全景展示使商城、家居建材、汽车销售、专卖店、旗舰店等相关产品的展示不再有时间、空间的束缚，能够实现对销售商品的多角度展示，客户可以在互联网上立体地了解产品的外观、结构及功能，与商家进行实时交流，拉近买家与商家的距离。利用三维全景，在提升服务的同时，为公司吸引更多的客户，既节约了成本，又提高了效率。三维全景展示汽车销售如图 6.13 所示。

5．军事、航天

传统上，大部分国家习惯通过实战演习来训练军事人员和士兵，但是反复的军事演习，不仅耗费大量的物力财力，而且人员安全难以保障。在未来的高技术联合作战中，三维全景技术在军事测绘中的应用不仅直接为作战指挥提供决策信息，还可以作为"支撑平台"进入指挥中枢，培养学员适应联合作战的能力素质。三维全景虚拟军事训练如图 6.14 所示。

图 6.13　三维全景展示汽车销售

图 6.14　三维全景虚拟军事训练

在航天仿真领域中，三维全景漫游技术不但可以完善与发展该领域内的计算机仿真方法，还可以大大提高设计与试验的真实性、实效性和经济性，并能保障实验人员的人身安全。例如，在设计载人航天器座舱仪表布局时，原则上应把最重要、使用频率最高的仪表放在仪表板的中心区域，次重要的仪表放在中心区域以外的地方，这样能减少航天员的眼球转动次数，降低身体负荷，同时也让其精力集中在重要仪表上。但究竟哪块仪表放在哪个精确的位置，以及相对距离是否合适，只有通过反复的实验才能确定。利用三维全景漫游软件设计出具有立体感、逼真度高的仪表排列组合方案，再逐个进行试验，被试者处于其中，仿佛置身于真实的载人航天器座舱仪表板面前，能达到理想客观的实验效果。

6. 医学虚拟仿真

医生及研究人员借助三维全景设备及技术实现虚拟环境中对细微事物的观察。例如，美国一个研究小组研发出 CAVE2 虚拟现实系统，该系统用计算机构造大脑及其血液的 3D 视图，将动脉、静脉和微血管拼凑在一起，为患者的大脑创造具有立体感的全大脑图像。在这个空间内，图像都是无缝显示，用户可以完全沉浸在由三维数据构成的网络世界中，做一个真正的观察者，如图 6.15 所示。

图 6.15　CAVE2 虚拟现实系统

7. 历史文化

在博物馆方面，传统文字图片往往难以形象生动地表现文物的众多信息，文物信息管理烦琐且难度大。通过三维全景技术，可将博物馆内的文物信息全面直观地记录下来，进行数字化管理；还可以借助博物馆或者剧院建筑的平面或三维地图导航，结合三维全景的导览功能，帮助观众自由地穿梭于每个场馆之中。观众只需轻轻单击鼠标或键盘即可实现全方位参观浏览，如果同时配以音乐和解说，更会增加身临其境的体验。

8．公司企业

在公司企业招商引资、业务洽谈、人才交流等场合中，采用全景展示能宣传企业公司的环境和规模。洽谈对象、客户不是简单地通过零碎照片或效果图做出决定，也不需要逐行逐字地研究企业公司的宣传文字，新奇的全景展示更加彰显公司的实力和魅力。

9．娱乐休闲

美容会所、健身会所、茶艺馆、咖啡馆、酒吧、KTV 等场所可借助三维全景推广手段，将其环境优势、服务优势全面地传达给顾客，创造超越竞争对手的有利条件。

10．虚拟校园

在学校的宣传介绍中，如果利用三维全景虚拟校园展示，可以使学生随时随地地参观优美的校园环境，展示学校的实力，吸引更多的生源。学校可以将三维全景虚拟校园发布到网络，也可以做成学校介绍光盘发送。三维实景漫游系统还可用来支持学校教学活动。例如，学校可将各教室、实验室等教学场所制作成全景作品发布到互联网，学生通过互联网即可提前直观地了解教室、实验室的位置、布局、实验安排、实验要求、注意事项等信息。

11．政府开发区环境展示

三维全景技术可以把政府开发区环境做成虚拟导览展示，并发布到互联网上或制作成光盘。在向客商介绍推广时，三维全景的投资环境一目了然，说服力强，可信度高。如果发布到互联网上，则变成 24 小时不间断的在线展示窗口。

6.3　全景照片的拍摄硬件

全景图的效果很大程度上取决于前期素材照片的质量，素材照片的质量与所用的硬件设备关系极大。

6.3.1　硬件设备

全景照片的拍摄通常需要的硬件包括单反数码照相机、三脚架、鱼眼镜头、全景云台等，其中比较特殊的是鱼眼镜头和全景云台。

1．单反数码照相机

单反指单镜头反光，单反数码照相机是当今最流行的取景系统，大多数 35mm 单反数码照相机采用这种取景器。单反数码照相机有两个主要特点，一是可以交换不同规格的镜头，这是普通数码照相机不能比拟的。二是通过摄影镜头取景。大多数相同卡口的传统照相机镜头在单反数码照相机上同样可以使用。单反数码照相机价格相对于普通家用数码照相机要贵一些，单反数码照相机更适合专业人士和摄影爱好者使用。日本佳能公司推出的 5D Mark III单反数码照相机就是一款面对专业级摄影用户及摄影发烧友的产品，它能够搭配丰富的全画幅电子对焦（electronic focus，EF）镜头进行多彩表现，充分发挥电子光学系统（electro optical system，EOS）的强大优势，如图 6.16 所示，其基本参数如表 6.1 所示。

图 6.16　佳能 5D Mark III单反数码照相机

表 6.1　佳能 5D Mark III 基本参数

全画幅单反数码照相机指标	基本参数
总像素	约 2340 万
有效像素	约 2230 万
传感器类型	CMOS
传感器尺寸	约 36mm×24mm
传感器描述	自动、手动、添加除尘数据
图像处理系统	DIGIC 5+
对焦系统	61 点（最多 41 个十字形对焦点）

2．三脚架

三脚架（图 6.17）的主要作用是稳定数码照相机，保证数码照相机的节点不会改变，尤其在光线不足和拍夜景的情况下，三脚架的作用更加明显。

使用三脚架时需要注意的事项如下。

1）如果使用质量较小的三脚架，或在开启三脚架时出现不平衡或未上钮的情况，或在使用时过分拉高了中间的轴心杆等，都会使拍摄状态不稳定，得不到理想的效果。

2）如果选择质量较大的三脚架，拍摄状态稳定，拍摄的效果要好，但是移动起来不够灵活。

图 6.17　三脚架

3．鱼眼镜头

鱼眼镜头是一种短焦距超广角的摄影镜头，一般焦距为 6～16mm。一幅 360°×180°的全景图一般由 2 幅或 6 幅照片拼合而成。为使镜头达到最大视角，这种镜头的前镜片直径很短且呈抛物状向镜头前部凸出，这点和鱼的眼睛外形很相似，因此有了鱼眼镜头的说法。尼康 AF 16mm F2.8D 鱼眼镜头如图 6.18 所示。

鱼眼镜头的用途是，在接近被摄物拍摄时能造成强烈的透视效果，强调被摄物近大远小的对比，使所摄画面具有一种震撼人心的感染力。鱼眼镜头具有相当长的景深，有利于表现照片的长景深效果。用鱼眼镜头拍摄的图像，一般变形相当厉害，透视汇聚感强烈。直接将鱼眼镜头连接到数码照相机上可拍摄出扭曲夸张的效果，如图 6.19 所示。

4. 全景云台

云台是指光学设备底部和固定支架连接的转向轴。许多数码照相机使用的三脚架并不提供配套的云台，用户需要自行配备，如需要拍摄全景照片则需要使用全景云台。曼比利全景球形云台如图 6.20 所示。

图 6.18 尼康 AF 16mm　　　　图 6.19 鱼眼镜头拍摄效果　　　　图 6.20 曼比利全景球形
F2.8D 鱼眼镜头　　　　　　　　　　　　　　　　　　　　　云台

全景云台的工作原理是，首先，全景云台具备一个具有 360°刻度的水平转轴，可以安装在三脚架上，并对安装数码照相机的支架部分可以进行水平 360°的旋转。其次，全景云台的支架部分可以对数码照相机进行向前的移动，从而达到适应不同数码照相机宽度的完美效果。数码照相机的宽度直接影响全景云台节点的位置，所以如果可以调节照相机的水平移动位置，基本就可以称为全景云台。

6.3.2 硬件配置方案

全景图的拍摄一般采用以下两种硬件配置方案。

1. 单反数码照相机＋鱼眼镜头＋三脚架＋全景云台

这是较常见且实用的一种拍摄方法，采用外加鱼眼镜头的单反数码照相机和云台来进行拍摄，拍摄后可直接导入计算机中进行处理。这种方法一方面成本低，可一次性拍摄大量的素材供后期选择制作；另一方面其制作速度较快，对照片的删除、修改及预览很方便，是目前主流的硬件配置方案。

2. 三维数字建模软件营造虚拟场景

这种方法主要应用于那些不能拍摄或难于拍摄的场合，或是对一些在现实世界中不存在的物体或场景，如房地产开发中还没有建成的小区、虚拟公园、虚拟游戏环境、虚拟产品的展示等。要实现虚拟场景，可以通过三维数字建模软件，如 3ds Max、Maya 等软件进行制作，制作完成后再通过相应插件将其导出为全景图片。

6.4 全景照片的拍摄方法

在全景图的制作过程中，拍摄全景照片是第一个也是较为重要的环节。前期拍摄的照片质量直接影响全景图的效果，如果前期照片拍摄的效果好，则后期的制作处理就很方便，反之后期处理将变得很麻烦，带来不必要的工作量，所以照片的拍摄过程和技巧必须得到重视。

1. 柱面全景照片的拍摄

柱面全景照片可采用普通数码照相机结合三脚架来进行拍摄，这样拍摄的照片能够重现原始场景，一般需要拍摄 10～15 张照片，拍摄步骤如下。

1）将数码照相机与三脚架固定，并拧紧螺栓。

2）将数码照相机的各项参数调整至标准状态（即不变焦），对准景物后，按下快门进行拍摄。

3）拍摄完第一张照片后，保持三脚架位置固定，将数码照相机旋转一个合适的角度，并保证新场景与前一个场景要重叠 15%左右，且不能改变焦点和光圈，按下快门，完成第二张照片的拍摄。

4）以此类推不断拍摄，直到旋转一周（360°）后，得到这个位置点上的所有照片。

2. 球面全景照片的拍摄

球面全景照片的拍摄须采用专用数码照相机配加鱼眼镜头的方式来进行拍摄，一般需要拍摄 2～6 张照片，且必须使用三脚架辅助拍摄，拍摄步骤如下。

1）首先将全景云台安装在三脚架上，然后将照相机和鱼眼镜头固定在一起，最后将数码照相机固定在云台上。

2）选择外接镜头。对于单反数码照相机一般不需要调节，对于没有鱼眼模式设置的数码照相机则需要在拍摄之前进行手动设置。

3）设置曝光模式。拍摄鱼眼图像不能使用自动模式，可以使用程序自动、光圈优先自动、快门优先自动和手动模式 4 种模式。

4）设置图像尺寸和图像质量。建议选择能达到的最高一档的图像尺寸，选择 Fine 按钮所代表的图像质量即可。

5）白平衡调节。普通用户可以选择自动白平衡，高级用户根据需要对白平衡进行详细设置。

6）光圈与快门调节。一般要把光圈调小；快门时间不能太长，要小于 1/4s。

7）拍摄一个场景的两幅或者三幅鱼眼图像。先拍摄第一张图像，注意取景构图，通常把最感兴趣的物体放在场景中央，半按快门进行对焦，再完全按下快门，完成拍摄。然后转动云台，拍摄第二幅或第三幅照片。

3．对象全景照片的拍摄

要拍摄对象全景照片，通常使用数码照相机结合旋转平台来辅助拍摄，旋转平台如图 6.21 所示，拍摄步骤如下。

1）将被拍摄对象置于旋转平台上，并确保旋转平台水平且被拍摄对象的中心与旋转平台的中心点重合。

2）将数码照相机固定在三脚架上，使数码照相机中心的高度与被拍摄对象中心点位置高度一致。

3）在被拍摄对象后面设置背景幕布，一般使被拍摄对象与背景幕布具有明显的颜色反差。

图 6.21　旋转平台

4）设置灯光，保证灯光有足够的亮度和合适的角度，且不能干扰被拍摄对象本身的色彩，一般设置一个主光源并配备两个辅助光源。

5）拍摄时，每拍摄一张，就将旋转平台旋转一个正确的角度（360°/照片数量），以此类推，重复多次即可完成全部拍摄。也可以提前设置好旋转平台的旋转速度，自动完成全部照片的拍摄。

6.5　三维全景的软件实现

制作三维全景涉及图像的展开和拼接，这个过程离不开软件的支持，这些用来制作三维全景的软件就称为三维全景软件。

最初对图像的展开和拼合是利用 Photoshop 软件来完成的，甚至有研究人员为此专门开发了相应的插件。随着三维全景的发展，专门用于制作三维全景的软件纷纷出现，这些软件的界面越来越美观，功能也越来越丰富，受到业内外人士越来越多的关注，全景大师（VRMaster）就是其中一款受用户欢迎的三维全景实现软件。

全景大师全称为三维全景漫游展示制作大师软件，是一套数字媒体制作软件，主要用于将一系列全景照片生成完整的三维全景虚拟现实系统，通过三维全景虚拟技术给浏览者带来沉浸式的体验。通过这款软件，制作者可以仅需简单的拖放操作，就能制作出商业级全景展示系统。另外，通过深入学习动态 xml，还可以进行深层开发，生产出功能更加丰富的三维展示系统。

6.5.1 全景大师的安装

1）登录 http://www.vrm.net.cn 网址，如图 6.22 所示。

图 6.22　全景大师网站首页

2）选择"软件下载"命令。按照下载页面提供的淘宝链接进行购买或下载正式版，也可以通过百度网盘下载试用版（但是试用版仅实现正式版的局部功能，且试用版的项目容量不得超过 5MB 并且有水印），如图 6.23 所示。

图 6.23　软件下载页面

3）下载的软件包为 VRmaster.rar 文件，将这个文件解压后，双击 VRmaster.exe 文件即可运行该软件，运行主界面如图 6.24 所示。

图 6.24　全景大师运行主界面

6.5.2　项目管理

全景大师软件的项目管理采用目录管理方式，操作方法与 Windows 系统相同。规划一个合理清晰的目录结构对项目维护非常重要。本节主要讲解项目的管理方法，主要包括目录的建立和维护、项目属性的设置和项目资源的维护等内容。

1）启动全景大师软件。

2）全景大师采用类 Windows 资源管理器风格，采用目录树方式对历史项目进行分类管理，可以按实际需求进行无限级分类。创建目录、删除目录、重命名目录，都可以在对应的目录上右击，在弹出的快捷菜单中操作。右击"我的全景"，在弹出的快捷菜单中选择"创建目录/文件夹"命令，如图 6.25 所示。在"新建"对话框中输入"风光展示"，如图 6.26 所示，单击"OK"按钮。

图 6.25　创建目录/文件夹

图 6.26　输入目录名称

3）"风光展示"目录树结构如图 6.27 所示。

4）右击"风光展示"，在弹出的快捷菜单中选择"新建漫游项目"命令选项，如图6.28所示。在"新建"对话框中输入"风光"，单击"OK"按钮。这时全景大师会自动导入相应的配置信息，如图6.29所示。

图6.27　目录树结构

图6.28　新建漫游项目

图6.29　自动导入配置信息

5）单击"风光展示"目录中的"风光"项目，选择"项目"选项卡，即可在界面右侧看到该项目的相关属性，如图6.30所示。

图6.30　项目属性

在项目属性界面中，常用的设置如下：

① 添加右键菜单：自行设计右键操作中快捷菜单的内容。

② 自动旋转播放：当打开全景漫游展示项目时，是否让场景自动旋转，以实现播放影像的效果。其中 waittime 表示等待多长时间才开始旋转，单位为秒；speed 表示旋转速度，值域为 1～10，值越大，速度越快。

③ 自动下一场景：当一个场景播放结束后，是否自动播放下一个场景，当启用该选项时，可以实现无人操作时自动漫游循环展示全部场景。

④ 设置背景音乐：音乐音量值域为 0.0～1.0，值越大声音越响；循环次数为 0 表示无限循环。

6）项目资源是指三维全景漫游展示项目中所用到的各种图片、声音、视频等素材文件。在左侧的 Windows 资源管理器中找到提前准备好的将素材文件，拖动到"资源"窗格对应的目录下即可，如将 sky-earth.jpg 图片文件直接拖动到"图片素材"目录下，如图 6.31 所示。加入声音、视频等素材与之类似。注意，一定要拖到对应目录下，否则无法正常调用这些资源。

图 6.31　项目资源文件维护

6.5.3　场景管理

场景是指在一定的空间内发生的任务行动或具体生活画面，是人物的行动和生活事件表现剧情内容的阶段性横向展示。简单地说，场景是指在一个单独的地点拍摄的一组连续的镜头。全景大师可以非常轻松地进行场景管理。本节主要包括场景的分组及作用、场景的添加/删除/排序、场景的属性设置等内容。

1．场景的分组及作用

场景分组有两个作用：如果一个三维全景漫游展示系统中的场景数很大，那么在实际漫游观看时效率就会下降。假如某项目有 1000 个场景，那么，加载和浏览这 1000 个缩略图就变得困难，并且相关的 XML 文件体积也会变得庞大，致使效率大幅下降。采用分组方式后，可以解决效率问题。分组的第二个作用，就是让项目的场景分类清晰，方便管理。

场景分组主要包括新建场景分组、删除场景、重命名场景等操作。可以在场景上右击，在弹出的快捷菜单中进行相应操作，如图 6.32 和图 6.33 所示。

2．场景的添加/删除/排序

1）场景的添加：选择某一场景，如"天地"，然后从 Windows 资源管理器中将拼合好的 720°全景图片直接拖入即可，如图 6.34 所示。

图 6.32　新建场景分组

图 6.33　删除、重命名场景

图 6.34　场景添加

2）场景的删除：在场景窗口中右击某个场景，在弹出的快捷菜单中选择"删除"命令即可。

3）场景的排序：场景条目在场景区显示的顺序与实际浏览时的缩略图顺序一致，并且在自动播放下一场景时，也会按显示的顺序依次播放。

3．场景的属性设置

（1）正北偏角

在使用平面图＋雷达进行漫游导航时，只有正确调整好场景的正北偏角，才会让雷达的视区与场景的实际视区一致。

（2）视区/视角

视区与视角的作用都是设置场景"初始可视范围"。视区是指可视扇区的度数，默认为 90°；视角分为水平视角与垂直视角，是指视区中心的水平及垂直方位角。可以通过最大视区与最小视角的设置，来限定某场景的可见范围。视区及视角的调整方法与"正北偏角"的设置方法类似。

（3）语音讲解

可以为每个场景添加语音讲解功能，设置方法与项目背景音乐类似。

（4）修补天地

如果拍摄的全景图片在"天""地"两个方位的图像不完整，可以通过该功能进行修补，一般需要重新导入新的"天""地"图片。

另外，通过场景属性，还可以进行"更换缩略图 GPS""位置信息标注""平面图位置标注""添加漫游导航热点"等设置。

4．场景的预览

设置好场景属性及各种参数后，可以通过预览场景测试制作效果，如图 6.35 和图 6.36所示。

图 6.35　预览场景

图 6.36　预览效果

5．场景的导出

全景大师可以把设计好的三维漫游效果导出形成.html 文件，方法如下：在"场景"选项卡下，右击编辑好的场景，在弹出的快捷菜单中选择"导出该场景到…"命令，选择导出的文件位置，单击"确定"按钮即可。

6.5.4　皮肤管理

全景大师自带多种经典皮肤，针对不同具体业务，用户可以非常方便地自由切换皮肤。另外，全景大师内置功能强大的皮肤编辑功能，无论是图片添加，还是图层叠放顺序都只是简单拖放即可完成，尤其是图层前后顺序及图层主从关系，与实际列表结构完全一致，全景大师的皮肤编辑操作自然流畅，一目了然，所见即所得。本节主要包括皮肤选取和皮肤制作流程、皮肤制作时常用语句。

全景大师的皮肤管理界面如图 6.37 所示。对于简单的项目，全景大师自带的皮肤完全可以满足需求，并且可以在官网免费下载最新的皮肤资源。

针对不同客户的个性需求，全景大师内置个性化皮肤编辑功能。设置个性化皮肤的通常步骤如下。

1）设计草图。

2）使用 Photoshop 制作素材，并存为 PNG 格式。

3）将制作好的素材拖到全皮肤资源中。

4）创建图层并调用相应素材资源。

5）编写动作脚本。

图 6.37　全景大师的皮肤管理界面

6）测试、调整、完成。

另外，在设置个性化皮肤过程中，可能用到的语句如表 6.2 所示，仅供学有余力的读者参考。

表 6.2　皮肤制作时常用语句

功能	语法
获取当前场景名	Get(this.scenename);
加载下一场景	VRM_LoadScene(get(this.next));
加载上一场景	VRM_LoadScene(get(this.prev));
显示当前场景关联的图片专集	showgallery(get(this.album));
获取当前场景所在组的组名	get(Group.groupname);
获取当前场景所在组的场景总数	get(Group.Scenes.SceneItem.Count);
获取项目场景分组总数	get(Tour.Groups.GroupItem.Count); [name:组名;defaultscene:默认场景]
场景缩略图调用	%FIRSTXML%/scene/<组名>/<场景名>/ ThumbImage.jpg
获取平面图数量	get(picmap.count);
获取当前场景关联的平面图	get(location.picmap_url); [picmap_x,picmap_y:该场景在平面图上的坐标]
获取当前场景 GPS 坐标	get(location.gps_lon);get(location.gps_lat);

6.6　智能三维全景的应用

随着人工智能、虚拟现实、增强现实、大数据、移动互联网等技术的不断发展和深度融合，三维全景技术的发展日趋智能化和人性化，在很多领域得到了较好的应用。智能化医院三维全景导航系统和智能全景盲区行车辅助系统就是其中突出的应用案例。

6.6.1　智能化医院三维全景导航系统

智能化医院三维全景导航系统是基于全景图像的虚拟导航系统，通过实地采集图像、建立模型、图像渲染和后期合成处理，将全景图像展示在手机上，如图6.38所示。

图 6.38　智能化医院三维全景导航系统

导航系统与电子平面地图相结合，可以随时参考实景，又可以定位地图，提供清晰明了的导航体验。同时，导航系统与医院信息系统（hospital information system，HIS）对接，能够实时获取患者在院就诊医嘱信息，根据医嘱的缴费、预约、执行等状态，智能地为患者规划导航路径，改善患者的就医体验，提高医院的管理效率。智能化医院三维全景导航系统的关键技术如下。

1. 全景图像数据采集、拼接和渲染

（1）图像采集

传统的图像采集系统会使用5台照相机协同拍摄，1台照相机布置在垂直方向，另外4台照相机分别朝向前、后、左、右4个面。该系统为了达到更完美的全景还原效果，增加了2台照相机，用2台照相机负责垂直方向的拍摄，用5台照相机负责水平方向的拍摄，使各个方向拍摄的照片都有足够的重叠部分以利于作为后续图像的拼接。

图像采集阶段，预先规划好采集点，在平面地图上予以坐标显示，同时输入数据库中。在每个采集点用7台照相机拍摄出一组照片，这样就能完成一组全景视野点的采集，并和数据库中的坐标吻合配对，为后续调用做好准备工作。

（2）图像拼接

该系统采用立方体型的全景图像拼接方法处理，使用7台照相机采图，每个视野点共获取7张图像，并通过 Panorama Studio 软件完成一个立方体全景图的拼接。经过拼接之后得到球面全景图。

（3）图像渲染

通过 Flash 方法对图像进行渲染工作，实质就是将全景图像中的某一块特定区域构建到二维平面的对应区域。经过渲染处理之后的图像就是一个单场景的球型全景图，可以提供水平 360°和垂直 180°的随意浏览功能。

2．WiFi 定位技术

由于室内定位的特殊性和局限性，该系统主要采用 WiFi 技术，对患者的智能手机终端提供定位服务。WiFi 定位的基本原理如图 6.39 所示。

图 6.39 WiFi 定位的基本原理

1）手机作为发送端发射射频信号信息。

2）布置在室内的无线路由器作为接收端，相互收集用户手机终端发射出来的射频信号信息，然后根据这些射频信号的场强强弱，结合场强定位算法，最终可以估算出手机终端的来源、方向和距离。

3）有了初步的距离值，再结合位置的范围分布，利用三角定位原理，就可以比较精确地计算出用户的位置，从而实现室内的定位服务功能。

3．路径规划的最优算法

导航引擎在获得用户的起始地和目的地之后，就会根据平面地图来规划路径和计算最佳路线。具体实现途径可以分为以下 4 步。

1）搜索区域。预设 A 点到 B 点，将区域分成小方格，并简化成二维数组，并标记一个可否通过的标记。

2）开始搜索。从 A 点开始，依次检查它的相邻节点，然后以此类推并向外扩展，最终找到 B 点。

3）路径排序。根据 F＝G＋H 等式，从起点 A 沿着已生成的路径到一个给定方格的移动开销。从给定方格到目的方格的估计移动开销。目的路径是通过反复遍历开放列表并选择具有最小 F 值的方格来生成的，并根据与父方格的相对位置（斜角或非斜角方向）来给这个 G 值加上特定值。

4）通过递归的方法继续搜索，直至搜索完全部路径。

4．手机终端展示

为了提供更好的免安装的用户体验，该系统采用了 Cheetah3D 和 Panorama Viewer 软件实现全景漫游。

6.6.2 智能全景盲区行车辅助系统

有数据表明，城市内部由于交通拥堵，行车速度不快，出现的交通事故大多是微小型事故,如两车剐蹭、前后车追尾等。这些事故发生的共同特点就是驾驶人没有正确判断车辆所处位置,各种盲区导致驾驶人误判。

驾驶盲区是指驾驶人的视线死角或不容易注意到的地方,常见的盲区如下。

(1)前盲区

发动机盖前看不到的地方,俗称前盲区。造成汽车前盲区有几个方面的因素,与车身、座椅的高度、车头的长度、驾驶人的身材等都有关系,如果没有很好地控制前盲区的距离,是很容易发生追尾事件的。

(2)后盲区

车辆后面的盲区俗称后盲区,是指从后车门开始向外侧展开有大约30°的区域在反光镜的视界以外,是指后车的车头在前车的后车门附近时,前车的反光镜里观察不到后面来车,极易发生剐蹭和追尾。

(3)后视镜盲区

车两边的后视镜只能看到车身两侧,并不能完全地收集到车身周围的全部信息,尤其从辅路上主路,从左后视镜不能观察到车辆,假如加速大角度切上最内侧车道,很容易与正在最内侧车道高速行驶的车辆发生碰撞。

(4)AB柱盲区

在转弯时,如果两侧的A柱较宽,宽的距离就把视线遮挡住,这样产生的盲区就大,如果柱子窄,则盲区就小。而B柱的盲区主要是在车辆的右侧,当车辆在行驶中,需要大角度拐到外侧时,B柱会遮挡视线,有可能与右侧正常行驶的车辆发生碰撞。

(5)人为盲区

除了车辆本身造成的视觉盲区外,还有一些是人为因素造成的视觉盲区,如一些驾驶人后风窗玻璃前会贴有颜色较深的贴膜,或者驾驶人在后风窗玻璃上悬挂一些毛绒玩具等。

1)很多驾驶人人为制造了盲区,尤其是女性喜欢在车内后视镜上挂上一些饰物,行车时这些饰物不停晃动,造成了很大的盲区。

2)还有人喜欢将一些物品放在前后车窗下,也会挡住很大的视角。另外,颜色过深的遮阳膜也会挡住视线。

(6)泊车盲区

车辆在泊车时,因为两边紧挨着其他车,后视盲区较大,越是座位低的车辆后视盲区越大,在停车或倒车时容易造成事故。

为避免盲区造成的交通事故,国内的艾迪韦尔公司研发了全景智能盲区行车辅助系统,如图6.40所示。该系统通过加装4路超广角摄像头、配置前后超声波雷达,实现车身360°全景鸟瞰,彻底消除车辆周围视觉盲区,同时支持前、后、左、右各角度画面自由切换,方便驾驶人随时了解周围状况,为安全行车保驾护航。

全景智能盲区行车辅助系统创新性地将倒车雷达与全景景象结合起来,填补传统行车影像系统产品只能"录"与"看"、不能"测"与"听"的空白，通过解码原车雷达或加装前后专用雷达，实时探测障碍物距离并通过蜂鸣声报警、屏幕同步显示，实现盲区可视、距离探测、速控报警、循环录制等"看、测、听、录"四位一体。

图 6.40 全景智能盲区行车辅助系统示意图

本 章 小 结

三维数字建模是利用三维数据将现实中的三维物体或场景在计算机中进行重建，最终在计算机上模拟出真实的三维物体或场景。三维全景技术是基于静态图像的虚拟现实技术，是目前迅速发展并逐步流行的一个虚拟现实分支，广泛应用于网络三维演示领域。

本章主要介绍了三维数字建模的理论知识和全景及三维全景的概念、分类、特点及应用领域，并对全景照片的拍摄硬件及方案进行了详细讲解，介绍了三维全景的软件实现方法。三维数字建模和全景技术未来的发展方向是交互性、实时性、高速化和智能化。

【注释】

1. Panorama：该词源自希腊语，意为"都能看见"。

2. EF 镜头：EF 镜头能够在佳能所有单反数码照相机上安装，适合初学者使用。

3. 白平衡：描述显示器中红、绿、蓝三原色混合生成的白色的精确度的一项指标。

4. 焦距：光学系统中衡量光的聚集或发散的度量方式，指平行光入射时从透镜光心到光聚集之焦点的距离。

5. 短焦距：即短焦距镜头，也称广角镜头，它的水平视角一般大于30°，镜头的视角较宽，可以包容的景物场面较大，因此在表现空间环境方面具有较强的优势。

6. 超广角：即超广角镜头，它有着宽广的视野，又不像鱼眼镜头有强烈的畸变，能很好地消除畸变。

7. Strivr Labs：成立于美国硅谷的一家 VR 初创公司，该公司致力于把科技加入球队和体育运动中。

8．美式橄榄球大联盟：即国家橄榄球联盟（National Football League，NFL），是北美四大职业体育运动联盟之首，世界上最大的职业美式橄榄球联盟，也是世界上最具商业价值的体育联盟。

9．AVI：英文全称为 audio video interleaved，即音频视频交错格式，是微软公司于1992 年 11 月推出，作为其 Windows 视频软件一部分的一种多媒体容器格式。

10．CMOS：即 complementary metal oxide semiconductor，互补金属氧化物半导体，电压控制的一种放大器件，是组成 CMOS 数字集成电路的基本单元。

11．DIGIC：英文全称为 digital image core，是佳能公司为自己的数码照相机及数码摄像机产品开发的专用数字影像处理器。

第 7 章 三维建模软件 3ds Max

 导学

内容与要求

本章主要介绍 3ds Max 软件的常见操作方法。

1. 常见三维建模软件包括 3ds Max、Maya 及 Rhino。

2. 3ds Max 的基本操作包括文件操作方法、工作界面布局设置、视图区基本操作及主工具栏常用工具介绍。要求熟悉界面、掌握工具使用方法。

3. 3ds Max 的基础建模方法包括内置集合体建模、二维图形建模及常用复合对象建模。要求掌握基础建模方法。

4. 对于材质与贴图的基本操作主要指如何使用材质编辑器进行材质设置、理解贴图的类型、贴图坐标。要求掌握材质与贴图的简易编辑方法。

5. 摄影机与灯光简单介绍了两者的类型及主要参数。要求了解两者最基本的类型。

6. 掌握 3ds Max 基础动画制作方法及基本流程，掌握时间配置的方法，掌握"自动关键点"及"设置关键点"动画制作的方法，了解动画生成的基本流程。

重点与难点

本章的重点是掌握基础建模方法，难点是了解修改器的使用、复合建模方式、复杂材质的编辑及基础动画的制作方法。

随着现代医学不断向智能化发展，传统的医学资源已远远无法满足日益增加的医学形态学科实践需求，而优秀的三维模型则能够给人以身临其境的"真实"感受。例如，解剖学、组织胚胎学、法医学等更加迫切需要三维模型来展现医学形态学特征，以实现智能化。

7.1 常见的三维建模软件

三维建模软件能够提供虚拟现实中所需要的各种三维模型。目前，市场中拥有众多优秀的三维建模软件，它们的共同特点是利用基本的几何元素，如立方体、圆柱体等，通过一系列几何操作（如平移、缩放、旋转及相关运算等）来构建复杂的几何场景。这些三维建模软件，都有其侧重的设计方向，本节将选择 3 种常见的软件进行简单比较，介绍每种软件的特点及侧重方向。

7.1.1 3ds Max

3ds Max 由 Discreet 公司开发（现已被 Autodesk 公司合并）开发，是基于计算机系统的三维动画制作及渲染软件，具有三维建模、摄像机使用、灯光设定、材质制作、动画设置及渲染等功能。3ds Max 可以利用一些基本的几何元素，如立方体、球体、样条线等，通过一系列几何操作，如平移、旋转、拉伸及复合运算等来构建复杂的几何场景。

与其他建模软件相比，3ds Max 具有以下优势。

1）具有良好的性能价格比，而且对硬件系统的要求相对较低，一般计算机普通的配置即可满足学习的要求。

2）制作效率高，制作流程简洁，入门相对简单，适于初学者学习。

3）功能全面，几乎不用购买其他软件，建模渲染动画都能在其环境中完成。

4）在国内有着最多的用户，拥有良好的技术支持和社区支持，便于大家交流学习心得与经验。

3ds Max 广泛应用于广告制作、工业设计、影视制作、建筑效果图制作、游戏动画制作、辅助教学及工程可视化等领域，主要面向建筑动画、建筑漫游、室内设计及游戏动画等。

7.1.2 Maya

Maya 是电影级别的高端制作软件，其功能完善、操作灵活、制作效率高、渲染真实感强。它不仅具备一般的三维效果制作功能，而且集成了最先进的动画及数字效果技术，其计算机图形（computer graphics，CG）功能十分全面，包括建模、粒子系统、数字化布料模拟、毛发生成、植物创建、角色动画、运动匹配等。

Maya 软件主要应用于动画片制作、电视栏目包装、电影制作、电视广告及游戏动画制作等。

7.1.3　Rhino

Rhino 中文名称为犀牛，是一款非均匀有理 B 样条曲线（non-uniform rational B-spline，NURBS）建模工具，建立的模型更加追求准确度和参数。Rhino 对软件环境和硬件要求都很低，不需要高级别的操作系统或是图形工作站，安装完成仅占用几十兆字节的空间，也不需要配置昂贵的高档显卡。Rhino 采用的渲染器使其图像的真实品质非常接近高端渲染器。

Rhino 多用于 CAD、CAM 等工业设计领域，但同时也可为各种场景制作、卡通设计及广告片头打造优良的模型。

由于 3ds Max 具有对硬件系统的要求相对较低、功能全面、制作流程简洁、适于初学者学习等优势，本章选择讲解 3ds Max 的常用功能及操作方法。

7.2　3ds Max 的基本操作

本章讲解内容以 Windows 7 系统下安装的 3ds Max 2010 32bit 版本的软件为软件环境。在进行三维建模之前首先要掌握 3ds Max 的工作环境、文件操作、常用工具等的使用方法。

7.2.1　软件启动与退出

1. 启动 3ds Max 中文版

方法一：双击桌面上的图标（图 7.1）即可启动 3ds Max 中文版。
方法二：选择"开始"→"Autodesk"→"3ds Max"命令，单击启动。
方法三：双击 3ds Max 文件。

2. 退出 3ds Max 中文版

方法一：单击窗口左上角的应用程序按钮（图 7.2），在弹出的下拉菜单中选择"退出 3ds Max"命令。

图 7.1　3ds Max 图标　　　　　　　　　图 7.2　3ds Max 应用程序按钮

方法二：单击 3ds Max 软件窗口右上角的"关闭"按钮。

7.2.2　模型的打开、保存与导出

1．打开模型

方法一：按 Ctrl＋O 组合键，弹出"打开文件"对话框，确定正确的路径和文件，双击该文件即可。

方法二：单击 3ds Max 快速访问工具栏中的"打开"按钮，其他与方法一相同。

方法三：双击 3ds Max 文件，可以启动 3ds Max，同时打开该文件。

2．保存模型

（1）保存

选择"保存"命令将覆盖上次保存的场景文件。若第一次保存场景，此命令的工作方式同"另存为"命令。

1）单击工具栏中的"保存"按钮。

2）单击应用程序按钮，在弹出的下拉菜单中选择"保存"命令。

3）按 Ctrl＋S 组合键。

（2）另存为

单击应用程序按钮，在弹出的下拉菜单中选择"另存为"命令，弹出"另存为"对话框。设置保存目录，填写文件名称，选择保存类型，单击"保存"按钮。

3．导出模型

目前，市场上三维建模软件及与三维建模软件相关的工具异常丰富，每个软件有其自己的优势，每个软件能够识别的 3D 模型也略有差别。当需要在其他软件中识别 3ds Max 创建的三维模型时，可以在 3ds Max 中打开该模型，然后导成其他软件也能够打开的格式（如 BOJ、FBX 等）。方法如下：单击应用程序按钮，在弹出的下拉菜单中选择"导出"→"导出"命令，弹出"选择要导出的文件"对话框。设置保存目录，填写文件名，选择保存类型，单击"保存"按钮。

7.2.3　工作界面布局

3ds Max 的初始界面如图 7.3 所示，主要区域包括标题栏、菜单栏、主工具栏、视图区、命令面板、视图控制区、动画控制区、信息提示区、状态栏、时间滑块与轨迹栏。

图 7.3　3ds Max 的初始界面

1．标题栏

窗口的标题栏用于管理文件和查找信息。

应用程序按钮⑥：单击该按钮，可以弹出"应用程序"下拉菜单。

快速访问工具栏：提供用于管理场景文件的常用命令。

文档标题栏　无标题　：显示 3ds Max 当前文档标题。

2．菜单栏

3ds Max 菜单栏的使用方式与普通软件相同，其中的大多数命令可以在相应的命令面板、工具栏或快捷菜单中找到，相较于在菜单栏中执行命令，这些方式要方便许多。

3．主工具栏

主工具栏如图 7.4 所示，位于菜单栏下方，可通过其中的工具快速打开相应的对话框。选择"自定义"→"显示"→"显示主工具栏"命令，则可显示或关闭主工具栏（或按 Alt＋6 组合键）。

图 7.4　主工具栏

4．视图区

视图区位于整个界面的正中央，大多数工作要在这个范围内完成并观察效果。3ds Max 中文版默认为以 4 个视图的划分方式显示，分别为上视图、前视图、左视图及透视图。这是标准的划分方式，也是较通用的划分方式，如图 7.5 所示。

【例7.1】修改 3ds Max 的视图布局。

1）选择"视图"→"视口配置"命令，弹出"视口配置"对话框。

2）选择"布局"选项卡，如图7.6所示，选择需要的布局方式。

3）单击"确定"按钮。

图7.5　默认视图划分方式

图7.6　"视口配置"对话框

5．命令面板

命令面板位于视图区右侧，如图7.7所示。命令面板中集成了 3ds Max 中大多数的功能与参数控制项目。6个面板依次为创建、修改、层次、运动、显示和实用程序。

【例7.2】创建简单的"杯子"模型（"创建"面板和"修改"面板的基本用法）。

1）单击"创建"按钮，打开"创建"面板。

2）单击"几何体"按钮。

3）在下拉列表中选择"标准基本体"选项。

4）在"对象类型"卷展栏中单击"茶壶"按钮，如图7.8所示。

图7.7　命令面板

图7.8　例7.2前4步操作步骤

5）在上视图中按住鼠标左键，创建茶壶。

6）单击"修改"按钮，打开"修改"面板。

7）在"参数"卷展栏中的"茶壶部件"选项组中，取消勾选"壶把""壶嘴""壶盖"复选框。

8）调整"半径"的值为 50，如图 7.9 所示，观察模型变化。

9）保存文件，命名为"杯子.max"。

6. 视图控制区

视图控制区布置在整个软件界面的右下角，如图 7.10 所示，主要用于改变视图中物体的显示状态，通过平移、缩放、旋转等操作达到更改观察角度和方式的目的。

7. 动画控制区

动画控制区主要用来控制动画的设置和播放，布置在软件界面的下方，紧邻视图控制区，如图 7.11 所示。

图 7.9　例 7.2 参数修改结果　　图 7.10　视图控制区　　　图 7.11　动画控制区

8. 信息提示区与状态栏

信息提示区与状态栏用于显示视图中模型及鼠标的当前状态，如位置、移动、旋转坐标及缩放比例等，如图 7.12 所示。

图 7.12　信息提示区与状态栏

9. 时间滑块与轨迹栏

时间滑块与轨迹栏位于视图区的下方，用于设置动画、浏览动画及调整动画帧数等，如图 7.13 所示。

图 7.13　时间滑块与轨迹栏

7.2.4 视图区基本操作

3ds Max 中文版的上视图、左视图和前视图为正交视图，它们可以准确地表现模型的尺寸，以及各模型之间的相对关系；透视图则符合近大远小的透视原理。

1. 激活视图

在视图区域内右击，即可激活该视图，被激活的视图边框会显示黄色。图 7.14 所示的当前透视图处于激活状态。在非当前视图区域内，单击某模型可以激活该视图区域，并选择该模型。

图 7.14　透视图处于激活状态

2. 转换视图

系统默认的 4 个视图是可以相互转换的，默认的转换快捷键如表 7.1 所示。

表 7.1　视图转换的快捷键

快捷键	视图	快捷键	视图
T	上视图	F	前视图
B	底视图	U	用户视图
L	左视图	P	透视图

3. 视图快捷菜单

单击或右击视图左上角的 3 个标志，可以弹出相应的快捷菜单。这些菜单命令的功能包括改变场景中对象的明暗类型、更改最大化视口、更改显示栅格、更改模型的显示方式、转换当前视图等，具体内容如图 7.15 所示。

其中，一些常用操作也可以通过快捷键实现，如按 G 键的功能为显示或隐藏栅格，按 Alt＋W 组合键的功能为切换当前视图的最大化或还原状态。

图 7.15　视图快捷菜单

7.2.5　主工具栏常用工具

主工具栏中包含了编辑对象时常用的各种工具，本节将选择其中一些使用率较高的工具进行介绍。

1．"选择对象"工具

单击"选择对象"按钮后，在任意视图中将鼠标指针移到目标模型上，单击即可选择该模型。被选定的模型线框对象变成白色，如图 7.16 所示的上视图、左视图、前视图的显示效果；被选定的着色对象其边界框的角处显示白色边框，如图 7.16 所示的透视图显示效果。

2．"选择并移动"工具

单击"选择并移动"按钮（或按 W 键）后，可以选择模型并进行移动操作，移动时根据定义的坐标系和坐标轴来完成，如图 7.17 所示。红、绿、蓝 3 种颜色操纵轴分别对应 X、Y、Z 这 3 个轴向，当前操纵轴颜色为黄色。当鼠标指针放在操纵轴上时变成移动形态，拖动鼠标即可沿该轴方向移动模型。当鼠标指针放在轴平面上时，轴平面会变成黄色，拖动鼠标即可在该平面上移动对象。

图 7.16　选择状态的对象

图 7.17　沿 X 轴移动对象

3."选择并旋转"工具

单击"选择并旋转"按钮（或按 E 键）后，选择模型并进行旋转操作，旋转时根据定义的坐标系和坐标轴来进行，如图 7.18 所示。鼠标指针放在操纵范围即变成旋转形态，拖动鼠标可完成相应旋转操作。红、绿、蓝 3 种颜色操纵轴分别对应 X、Y、Z 这 3 个坐标轴，当前操纵轴颜色为黄色。外圈的灰色圆弧表示在当前视图的平面上进行旋转。若在透视图的内圈灰色圆弧范围内拖动，对象可在 3 个坐标轴上任意旋转。

4."选择并缩放"工具

单击"选择并缩放"按钮后，选择物体的同时可进行缩放操作，缩放时根据定义的坐标系和坐标轴来进行，如图 7.19 所示。鼠标指针放在操纵范围时变成缩放形态，拖动鼠标即可实现相应缩放操作。

"选择并移动"、"选择并旋转"和"选择并缩放"3 种工具的使用方法具有以下相似之处。

1）在 3 个工具按钮上右击，在弹出的对话框中输入数据即可实现精确的移动、旋转或缩放操作。

2）这 3 种工具均具有克隆功能，当选择其中一种工具时，按住 Shift 键并拖动鼠标，将弹出"克隆选项"对话框，如图 7.20 所示。在"对象"选项组中，"复制"表示生成的新对象与原始对象相同，但二者互不影响，相互独立；"参考"表示修改原始对象参数或添加修改器时，克隆出的对象也随之改变；"实例"表示修改原始对象参数或添加修改器时，克隆出的对象随之改变，反之亦然。

图 7.18　任意旋转对象　　　图 7.19　3 个方向同时缩放　　　图 7.20　"克隆选项"对话框

在使用上述 4 种与选择相关的工具时，可以配合快捷键实现增、减选择对象的操作。例如，按 Ctrl 键并单击视图中未选择的对象，将会增加选择对象；按 Alt 键并单击视图中已选择的对象，将会减去选择的对象。

【例 7.3】制作简易"花瓶"模型。

1）打开例 7.2 保存的文件"杯子.max"，在工具栏中单击"选择并缩放"按钮，选中模型。

2）在前视图中，沿 Y 轴正方向拖动，可将模型"拉高"。

3）在上视图中，分别沿 X 轴、Y 轴正方向拖动，可放大模型的直径。

4）另存文件，命名为"花瓶.max"。

5．"选择区域"工具

"选择区域"工具用于修改上述 4 种与选择相关的工具的选择方式。单击"选择区域"按钮，按住鼠标左键不放将从上而下依次打开 5 种形状的对应按钮，如图 7.21 所示。

1）矩形选择区域：拖动鼠标，矩形框内对象会被选择。

2）圆形选择区域：拖动鼠标，圆形框内对象会被选择。

3）围栏线选择区域：单击鼠标，将不断拉出直线，在末端双击，围成多边形区域，多边形框内对象会被选择。

图 7.21　"选择区域"工具

4）套索选择区域：拖动鼠标绘制区域，绘制区域内的对象会被选择。

5）绘制选择区域：按住鼠标左键，此时鼠标指针处显示一个小圆形区域，拖动鼠标的过程中，某对象的任意部分被框入该圆框，则该对象会被选择。

6．"镜像"工具

"镜像"工具的作用是模拟现实中的照镜子效果，即将对象翻转或复制相应的虚像。在视图中选择需要进行镜像操作的对象，单击主工具栏中的"镜像"按钮，弹出"镜像"对话框。其中，常用参数功能如下。

1）镜像轴：指定镜像的轴或者平面。

2）偏移：设定镜像对象相对于源对象轴心点的偏移距离。

3）克隆当前选择：默认为"不克隆"，即只翻转对象而不复制对象。其他选项与"选择并缩放"工具中介绍的"克隆选项"对话框中参数的功能相同。

7．"对齐"工具

"对齐"工具用于调整视图中两个对象的对齐方式。例如，当前视图中存在一个长方体和一个管状体。先选中长方体，单击"对齐"按钮，再选中管状体，将会弹出"对齐当前选择"对话框。此时，"当前对象"为长方体，"目标对象"为管状体，即长方体参照管状体位置对齐。

"对齐位置"选项组中的"X 位置""Y 位置""Z 位置"复选框用于指定物体沿当前坐标系中哪条约束轴与目标物体对齐。"对齐方向"选项组中的 3 个复选框用于确定如何旋转当前物体，以使其按选定的坐标轴与目标对象对齐。"匹配比例"选项组中的

3个复选框用于选择匹配两个选定对象之间的缩放轴，将"当前对象"沿局部坐标轴缩放到与"目标对象"相同的百分比。如果两个对象之前都未进行缩放，则其大小不会更改。

【例7.4】制作"DNA"模型。

1）创建新文件，单击"创建"按钮，打开"创建"面板。

2）单击"几何体"按钮。

3）在下拉列表中选择"标准基本体"选项。

4）单击"球体"按钮。

5）在左视图中拖住鼠标左键，创建球体。

6）单击"修改"按钮，打开"修改"面板，修改模型的参数，设置"半径"为45。

7）利用同样的方法在左视图中创建圆柱体，单击"修改"按钮，打开"修改"面板，修改模型的参数，设置"半径"为10，"高度"为500。

8）单击选择圆柱体，单击"对齐"按钮 ，单击选择球体，弹出"对齐当前选择"对话框。该对话框中参数设置如图7.22所示，使其圆柱体左侧与球体中心在X轴方向上对齐。单击"应用"按钮。

9）弹出"对齐当前选择"对话框，该对话框中的参数设置如图7.23所示，使其圆柱体中心与球体中心在Y轴方向上对齐。单击"确定"按钮。

10）单击选择球体，单击"镜像"按钮 ，弹出"镜像"对话框。该对话框中的参数设置如图7.24所示，克隆出另一个球体置于圆柱体的另一侧。单击"应用"按钮。

图7.22 X轴方向对齐设置

图7.23 Y轴方向对齐设置

图7.24 镜像参数设置

11）按Ctrl+A组合键，全选场景中模型，选择"组"→"成组"命令，弹出"组"对话框，使用默认组名，单击"确定"按钮。

12）选择"工具"→"阵列"命令，弹出"阵列"对话框。该对话框中的参数设置如图7.25所示，单击"确定"按钮。最终效果如图7.26所示。

图 7.25　阵列参数设置

图 7.26　DNA 模型

7.3　基 础 建 模

建模是三维制作的最基本环节，也是完成材质、动画及渲染等环节的前提。3ds Max 基础建模方法包括内置几何体建模、二维图形建模、常用复合对象建模等。

7.3.1　内置几何体建模

3ds Max 中内置了一些基础几何模型，包括标准基本体、扩展基本体等。单击"创建"按钮，打开"创建"面板，单击"几何体"按钮，在下拉列表中选择内置模型类型后，将在"对象类型"卷展栏中罗列出该类包含的模型创建按钮。单击相应按钮并在某一视图中通过单击、移动、拖动等鼠标操作即可创建模型，右击鼠标结束创建。如果因某些操作结束了创建过程，创建面板中的"参数"卷展栏将会消失。此时单击"修改"按钮，打开"修改"面板即可修改对象的参数。

标准基本体及扩展基本体的创建方法大致相同，各种模型的参数略有差别，下面介绍一些常用的重要模型参数的作用。

1. 分段

所有的标准基本体都有"分段"属性。"分段"值不同决定了模型是否能够弯曲及弯曲的程度。分段值越大，模型弯曲越平滑，但同时也会大大增加模型的复杂程度，降低刷新速度。图 7.27 所示为圆环分段值为 8 和 24 的对比效果。

图 7.27　圆环分段值为 8 和 24 的对比效果

【例 7.5】制作靠背弯曲的沙发模型。

1）创建新文件，单击"创建"按钮，打开"创建"面板。

2）单击"几何体"按钮。

3）在下拉列表中选择"扩展基本体"选项。

4）在"对象类型"卷展栏中单击"切角长方体"按钮。

5）在上视图中创建切角长方体：按住鼠标左键并拖动→放开左键→向上移动（或向下移动）→单击→向上移动→单击，完成创建。

6）单击"修改"按钮，打开"修改"面板修改模型的参数：设置"长度"为 35.0，"宽度"为 35.0，"高度"为 12.0，"圆角"为 3.0，如图 7.28 所示。该切角长方体默认名为 ChamferBox01。

注意：在不同的视图中开始创建模型，尽管设置的参数相同，但得到的视觉效果会有所不同。

7）单击"选择并移动"按钮，按 Shift 键的同时沿上视图的 X 轴正向拖动 ChamferBox01，克隆出它的两个实例，系统自动分别名为 ChamferBox02、ChamferBox03。

8）选择 ChamferBox02，单击"对齐"按钮，选择 ChamferBox01，弹出"对齐当前选择"对话框。该对话框中的参数设置如图 7.29 所示，使 Chamfer Box02 左侧贴紧

ChamferBox01 右侧。

9）参照步骤 8）调整 ChamferBox03 的位置，使其左侧贴紧 ChamferBox02 右侧。沙发的坐垫模型制作完成。

10）制作并调整好沙发的靠背：在上视图中再创建新的切角长方体，设置"长度"为 15.0，"宽度"为 35.0，"高度"为 35.0，"圆角"为 3.0，参照步骤 7）～9），完成整个靠背部分的制作。

11）选中作为靠背的 3 个切角长方体，单击"修改"按钮，打开"修改"面板，设置"高度分段"为 8。

12）在"修改"面板中，单击"修改器列表"下拉按钮，如图 7.30 所示。选择"弯曲"修改器。

图 7.28　切角长方体参数　　　图 7.29　对齐位置参数设置　　　图 7.30　修改器列表位置

13）设置弯曲修改器参数：在"参数"卷展栏中设置"角度"为 35.0，"方向"为－90.0，如图 7.31 所示。

14）沙发最终效果如图 7.32 所示。保存文件，命名为"沙发.max"。

图 7.31　"弯曲"修改器参数设置　　　图 7.32　沙发最终效果

2. 边数

标准基本体中的圆柱体、圆环、圆锥体、管状体，以及扩展基本体中的油罐、纺锤、球棱柱、环形波、切角圆柱体和胶囊都有"边数"属性。该属性决定了弯曲曲面边的个数，该值越大，侧面越接近圆形，越光滑。图 7.33 为圆柱体"边数"值为 6 和 18 的对比效果。

图 7.33　圆柱体"边数"值为 6 和 18 的对比效果

【例 7.6】制作"钻石"模型。

1）创建新文件，单击"创建"按钮，打开"创建"面板。

2）单击"几何体"按钮。

3）在下拉列表中选择"标准基本体"选项。

4）在"对象类型"卷展栏中单击"圆柱体"按钮。

5）在上视图中创建圆柱体：按住鼠标左键拖动→放开左键→向上移动→单击。

6）单击"修改"按钮，打开"修改"面板，调整模型的参数：在"参数"卷展栏中设置"半径"为 30.0，"高度"为 15.0，"高度分段"为 1，"端面分段"为 1，"边数"为 6，取消勾选"平滑"复选框，如图 7.34 所示。

7）右击模型，在弹出的快捷菜单中选择"转换为"→"转换为可编辑网格"命令。单击"修改"按钮，打开"修改"面板，在"选择"卷展栏中单击"多边形"按钮，进入"多边形"层级，如图 7.35 所示。

图 7.34　圆柱体参数　　　　图 7.35　选择"多边形"层级

8）选择模型的底面，单击"编辑几何体"卷展栏中的"倒角"按钮，在选中的多边形范围内，制作倒角：鼠标左键向上拖动→释放左键→向下移动→单击，效果如图 7.36 所示。

9）单击"修改"按钮，打开"修改"面板，在"选择"卷展栏中单击"点"按钮，进入"点"层级，如图 7.37 所示。

图 7.36　倒角效果　　　　　　　　　图 7.37　选择"点"层级

10）按 Ctrl 键，选择顶面除中心点以外的 6 个点，单击"编辑几何体"卷展栏中的"切角"按钮（图 7.38），将右侧的微调框中的"0.0"设置为"15.0"，按 Enter 键，确定输入。

11）在"修改器列表"中添加"顶点焊接"修改器，并调高"阈值"属性值，直到所有临近的顶点合并成一个点，最终效果如图 7.39 所示。

图 7.38　"切角"按钮　　　　　　　图 7.39　"钻石"模型最终效果

3．平滑

具有"边数"属性的基本体一般也具有"平滑"属性。该属性也用于平滑模型的曲面。当勾选"平滑"复选框时，较小的边数即可获得较圆滑的侧面。图 7.40 为边数值为 18 的圆柱体未勾选及勾选"平滑"复选框时的对比效果。

（a）未勾选"平滑"复选框　　　　　（b）勾选"平滑"复选框

图 7.40　是否勾选平滑复选框的对比效果

图 7.41　圆柱体"切片起始位置"为 85、
"切片结束位置"为 15 的效果

4．切片

标准基本体中的圆柱体、圆环、圆锥体、球体和管状体，以及扩展基本体中的油罐、纺锤、胶囊都有"切片起始位置"和"切片结束位置"属性。使用这两个属性可设置从基本体 X 轴的 O 点开始环绕其 Z 轴的切割度数。两个属性的参数设置无先后之分，负值表示按顺时针移动切片，正值表示按逆时针移动切片。图 7.41 显示的是圆柱体切片起始位置为 85、切片结束位置为 15 的效果。

7.3.2　二维图形建模

很多三维模型很难分解为简单的几何基本体，对于这种模型可以先制作二维图形，再通过复合建模或修改器建模等生成三维模型。单击"创建"按钮，打开"创建"面板，单击"图形"按钮，在下拉列表中选择图形类型，在"对象类型"卷展栏中将列出该类包含的模型创建按钮。

3ds Max 中的二维图形是一种矢量线，由顶点、线段和样条线等元素构成。使用二维图形建模的方法为，先绘制一个基本的二维图形，然后编辑该二维图形，最后添加相应的命令即可生成三维模型。

1．二维图形的层级结构

1）顶点。顶点是线段开始和结束的点，3ds Max 中有如下 4 种类型。

① 角点：该类顶点两边的线段相互独立，两个线段可以具有不同的方向。

② 平滑：该类顶点两边的线段的切线在同一条线上，曲线外观光滑。

③ 贝塞尔曲线顶点：该类顶点位置的切线类似于平滑顶点。但贝塞尔曲线类型顶点提供了一个可以调节切线矢量大小的手柄。

④ 贝塞尔曲线角点：该类顶点分别为顶点两边的线段提供了各自的调节手柄，它们相互独立，两个线段的切线方向可以单独调整。

2）控制手柄：位于顶点两侧，控制顶点两侧线段的走向与弧度。

3）线段：两个顶点之间的连线。

4）样条曲线：由一条或多条连续的线段构成。

5）二维图形对象：由一条或多条样条曲线组合构成。

2．二维图形的重要属性

除了截面以外，其他的二维图形都有"渲染"和"插值"属性卷展栏。

在软件默认情况下，二维图形无法被渲染。此时，可以在"渲染"卷展栏中进行相关设置，以获得渲染效果。勾选"在渲染中启用"复选框，渲染引擎便可使用指定的参数对样条线进行渲染；勾选"在视图中启用"复选框，即可直接在视图中观察样条线的渲染效果。

对于样条线而言，"插值"卷展栏中的"步数"属性的作用与几何体中基本体的"分段"相似。"步数"属性的值越高，得到的弯曲曲线越平滑。勾选"优化"复选框，则可根据样条线形状以最小的折点数得到最平滑的效果。勾选"自适应"复选框，软件将自动计算样条线的适合步数。

3．访问二维图形的次对象

线在所有二维图形中是比较特殊的，它没有可以编辑的参数。要对线对象进行调整就必须在它的次对象层级（顶点、线段和样条线）中进行编辑。

而其他二维图形，要访问其次对象有两种方法：使用"编辑样条线"修改器或者将其转换成可编辑样条线。这两种方法略有不同，若使用"编辑样条线"修改器，可保留对象的创建参数，但不能直接在次对象层级设置动画；若将二维图形转换成可编辑样条线，则可以直接在其次对象层级设置动画，但同时也会丢失创建参数。

将二维图形转换成可编辑样条线有两种方法。

方法一：选中二维图形，在"修改"面板的编辑修改器堆栈显示区域的二维图形名上右击，在弹出的快捷菜单中选择"转换为可编辑样条线"命令。

方法二：在视图中选择的二维图形上右击，在弹出的快捷菜单中选择"转换为可编辑样条线"命令。

要给对象应用"编辑样条线"修改器，可以在选择对象后打开"修改"面板，再从编辑修改器列表中选取"编辑样条线"修改器即可。

4．"编辑样条线"修改器

添加了"编辑样条线"修改器后，其可选择的次对象包括顶点、分段、样条线。

（1）"选择"卷展栏

"选择"卷展栏用于设定编辑层次。单击相应按钮即可选定要编辑的次对象种类，然后用选择工具即可在场景中选择该类型的次对象。

（2）"几何体"卷展栏

在"几何体"卷展栏中包含了多种次对象工具，这些工具与选择的次对象类型紧密相关，选择不同工具按钮的使能状态也会有所不同。例如，样条线次对象的常用工具如下。

1）附加：对当前编辑的图形增加一个或者多个图形，生成一个新的对象。

2）分离：从二维图形中分离出某个线段或者样条线。

3）布尔运算：对样条线进行交、并和差运算。

4）插入：在单击的位置可插入新的顶点。

5. 将二维对象转换成三维对象的编辑修改器

3ds Max 提供了多种编辑修改器均可以将二维对象转换成三维对象。在此仅介绍"挤出"、"车削"、"倒角"和"倒角剖面"编辑修改器的功能。

1）"挤出"编辑修改器：沿着二维对象的局部坐标系的 Z 轴方向拉伸，从而为其增加一个厚度。同时可以沿着拉伸方向指定段数。若二维图形是封闭的，可以指定拉伸的对象是否有顶面和底面。

2）"车削"编辑修改器：绕指定的轴向旋转二维图形，常用来建立杯子、盘子和花瓶等模型。旋转角度的设定范围为 0°～360°。

3）"倒角"编辑修改器：与"挤出"编辑修改器类似，但它除了沿对象的局部坐标系的 Z 轴方向拉伸对象外，还可分 3 个层次调整截面的大小。

4）"倒角剖面"编辑修改器：其作用类似于"倒角"编辑修改器，但它用一个称为侧面的二维图形来定义截面大小，变化相对更为丰富。

【例 7.7】制作"血管与红细胞"模型。

1）创建新文件，单击"创建"按钮，打开"创建"面板。

2）单击"图形"按钮。

3）在下拉列表中单击"样条线"选项。

4）在"对象类型"卷展栏中单击"线"按钮，如图 7.42 所示。

5）在上视图中绘制样条线：在拐点处单击，然后移动鼠标指针进行绘制，最后右击结束绘制。绘制的血管的样条线如图 7.43 所示。

图 7.42　创建样条线

图 7.43　血管的样条线

6）单击"修改"按钮，打开"修改"面板，单击"Line"左侧的"＋"按钮，展开样条线层级，进入"顶点"层级，如图 7.44 所示。

7）按 Ctrl＋A 组合键，选择全部顶点，在视口中右击，在弹出的快捷菜单中选择"平滑"命令。

8）单击"修改"按钮，打开"修改"面板，展开"渲染"卷展栏，设置参数如图 7.45 所示。

图 7.44　样条线层级　　　　　　　　　图 7.45　"渲染"卷展栏参数

9）适当调节各个顶点在 X、Y、Z 三个方向上的位置，调整后取消勾选"渲染"卷展栏的"在视口中启用"复选框，观察效果如图 7.46 所示。

图 7.46　调整点后的样条线

10）在前视口中设置圆柱体参数，如图 7.47 所示。

11）给圆柱体添加"FFD 2×2×2"修改器，单击"FFD 2×2×2"左侧的"＋"按钮，展开 FFD 修改器层级，进入"控制点"层级，如图 7.48 所示。

图 7.47　圆柱体参数　　　　　　图 7.48　　"FFD 2×2×2"圆柱体参数

12）在上视口中选择顶部的 4 个控制点，单击"选择并缩放"按钮，缩小 4 个控制点的距离，效果如图 7.49 所示。

13）给圆柱体再添加"路径变形"修改器，在"参数"卷展栏中单击"拾取路径"按钮，如图 7.50 所示。

图 7.49　圆柱体顶部缩小的效果　　图 7.50　　"路径变形"修改器的"参数"卷展栏

14）增加"拉伸"的值，使圆柱体长度与样条线相同，并适当调整透视口的观察视角，调整结果如图 7.51 所示。

15）右击模型，选择"转换为"→"转换为可编辑多边形"命令。单击"可编辑多边形"左侧的"＋"按钮，展开其层级，进入"多边形"层级，如图 7.52 所示。

16）按 F4 键，显示模型网格，选择模型相应多边形并删除，效果如图 7.53 所示。

图 7.51　透视口调整结果

图 7.52　选择可编辑多边形的"多边形"层级

图 7.53　删除部分多边形后的效果

17）添加"壳"修改器，设置参数"内部量"为 3，再次将模型转换为可编辑多边形。

18）单击"可编辑多边形"左侧的"＋"按钮，展开其层级，进入"多边形"层级，如图 7.54 所示。

19）选中断面上的一条边，如图 7.55 所示。

选中断面
的一条边

图 7.54　选择可编辑多边形的"边"层级　　　　图 7.55　选中断面上的一条边

20）单击"修改"按钮，打开"修改"面板，展开"选择"卷展栏，单击"环形"按钮，如图 7.56 所示。

21）展开"编辑边"卷展栏，单击"连接"按钮右侧的设置按钮，如图 7.57 所示。弹出"连接边"对话框，该对话框中的参数设置如图 7.58 所示，单击"确定"按钮。

图 7.56　"选择"卷展栏　　图 7.57　"编辑边"卷展栏　　图 7.58　"连接边"对话框

22）展开"细分曲面"卷展栏，勾选"使用 NURMS 细分"复选框，如图 7.59 所示。

23）在"修改器列表"中添加"噪波"修改器，参数设置如图 7.60 所示。

24）在上视口中创建圆柱体，参数如图 7.61 所示。

图 7.59 勾选"使用 NURMS 细分" 图 7.60 "噪波"修改器参数设置 图 7.61 圆柱体的参数
复选框

25）将圆柱体转换为可编辑多边形，按 Ctrl 键，选择上下两个面片，展开"编辑多边形"卷展栏，单击"插入"按钮右侧的设置按钮，如图 7.62 所示。弹出"插入多边形"对话框，该对话框参数的设置如图 7.63 所示，单击"确定"按钮。

图 7.62 "编辑多边形"卷展栏 图 7.63 "插入多边形"对话框

26）展开"编辑多边形"卷展栏，单击"倒角"按钮右侧的设置按钮，如图 7.62 所示。弹出"倒角多边形"对话框，该对话框的参数设置如图 7.64 所示，单击"确定"按钮。

27）再执行两次插入命令，参数不变，然后在"编辑几何体"卷展栏中单击"塌陷"按钮，如图 7.65 所示。

图 7.64 "倒角多边形"对话框 图 7.65 在"编辑几何体"卷展栏中单击"塌陷"按钮

28）在"细分曲面"卷展栏中勾选"使用 NURMS 细分"复选框，红细胞模型如图 7.66 所示。

29）将红细胞模型复制多个，每个都添加"噪波"修改器，设置不同的强度和比例，并调整不同的旋转角度和位置。血管与红细胞模型如图 7.67 所示。

图 7.66　红细胞模型

图 7.67　血管与红细胞模型

30）保存文件，文件名为"血管红细胞.max"。

7.3.3　常用复合对象建模

单击"创建"按钮，打开"创建"面板，单击"几何体"按钮，在下拉列表中选择"复合对象"选项，即可在"对象类型"卷展栏中显示复合对象创建工具。复合对象建模是一种对两个以上的对象执行特定的合成方法生成一个对象的建模方式。3ds Max 中提供了多种复合建模方式，本节将对常用方式进行介绍。

1．布尔运算

布尔运算是指对两个对象通过进行交集运算、并集运算、差集运算的方式获得新的模型形态的运算。布尔运算需要两个原始的对象，假设分别为对象 A 和对象 B。先选择一个对象，作为对象 A，单击"布尔"按钮，再在"拾取布尔"卷展栏中单击"拾取操作对象 B"按钮，即可指定对象 B。可以实现的布尔运算包括：

1）并集：将对象 A 与 B 合并，相交部分删除，成为一个新对象。

2）交集：保留对象 A 与 B 的相交部分，其余部分删除。

差集（A－B）：从对象 A 中减去与对象 B 相交的部分。

差集（B－A）：从对象 B 中减去与对象 A 相交的部分。

图 7.68 为当立方体作为对象 A，球体作为对象 B 时的布尔运算效果。

图 7.68　布尔运算

2．放样

放样操作是将一个或多个样条线（截面图形）沿着第 3 个轴（放样路径）挤出三维物体，这种方法是利用两个二维图形生成一个三维模型。在视图中选取要放样的样条线，在"复合对象"的"对象类型"卷展栏中单击"放样"按钮，打开"放样"参数设置界面。

1）"创建方法"卷展栏：通过单击"获取路径"按钮或"获取图形"按钮指出已选择的样条线作为截面图形还是路径。

2）"曲面参数"卷展栏：设定放样曲面的平滑度，以及是否沿放样对象应用纹理贴图。

3）"路径参数"卷展栏：设定路径在放样对象各间隔的图形位置等。

4）"蒙皮参数"卷展栏：控制放样对象网格的优化程度和复杂性。

5）"变形"卷展栏：提供的"缩放"、"扭曲"、"倾斜"、"倒角"和"拟合"变形工具用于调整放样对象的形状。单击相应按钮即可弹出相应的变形操作对话框进行调整。

3．连接

"连接"复合对象可以在两个表面有孔洞的对象之间创建连接的表面，填补对象间的空缺空间。执行此操作前，首先确保每个对象均存在被删除的面，其表面有一个或多个洞，然后使两个对象的洞与洞之间面对面。

4．图形合并

图形合并是将一个网格物体和一个或多个几何图形合成在一起的创建复合对象的方式。在合成过程中，几何图形既可深入网格物体内部，影响其表面形态，又可根据其几何外形将除此以外的部分从网格中减去。

这种复合建模方式常用于在物体表面制作镂空文字或花纹，或者从复杂的曲面物体上截取部分表面。

【例7.8】制作刻字指环模型。

1）创建新文件，单击"创建"按钮，打开"创建"面板。

2）单击"几何体"按钮。

3）在下拉列表中选择"标准基本体"选项。

4）在"对象类型"卷展栏中单击"圆环"按钮。在上视图中拖动鼠标创建圆环，在"参数"卷展栏中设置"半径1"为50.0，"半径2"为10.0，"分段"为30.0，"边数"为20.0，如图7.69所示。

5）单击"创建"按钮，打开"创建"面板。

6）单击"图形"按钮。

7）在下拉列表中选择"样条线"选项。

8）在"对象类型"卷展栏中单击"文本"按钮，在前视图中创建文本对象，设置"大小"为10.0，并修改字体和文本内容，如图7.70所示。

图7.69　圆环的参数设置

图7.70　文本参数设置

9）移动文本使其位于圆环要"刻字"的位置前面。右击圆环，在弹出的快捷菜单中选择"转换为"→"转换为可编辑网格"命令。右击文本，在弹出的快捷菜单中选择"转换为"→"转换为可编辑样条线"命令。

10）选中圆环，打开"创建"面板，单击"几何体"按钮，在下拉列表中选择"复合对象"选项，单击"图形合并"按钮。

11）单击"拾取操作对象"卷展栏中的"拾取图形"按钮，如图7.71所示。单击视图中的文本对象。

12）在合并后的圆环上右击，在弹出的快捷菜单中选择"转换为"→"转换为可编辑网格"命令。

13）单击"选择"按钮，打开"修改"面板，展开"选择"卷展栏，单击"多边形"按钮，此时合并的文字区域自动被选中。在"编辑几何体"卷展栏中单击"挤出"按钮，如图 7.72 所示，在其右侧微调框中输入"−2"，按 Enter 键确认。

14）保存文件。

图 7.71　"拾取操作对象"卷展栏

图 7.72　"挤出"按钮

7.4　材质与贴图

材质与贴图主要用于展现对象表面的物质状态，营造真实世界中自然物质表面的视觉效果。材质用于物体表现的颜色、反光度、透明度等特性。而贴图则是将图片信息投影到曲面上，当材质中包含一个或多个图像时称其为贴图材质。

同时，材质与贴图也是减少建模复杂程度的有效方法之一。某些造型上的细节，如物体表面的线条、凹槽等效果完全可以通过编辑材质与贴图实现，从而可以大大减少模型中的信息量，达到降低复杂度的目的。

7.4.1　精简材质编辑器

在主工具栏中单击"材质编辑器"按钮，打开"材质编辑器"窗口，如图 7.73 所示。

"材质编辑器"窗口上方显示材质的示例窗，每一个示例窗（又称为材质球）代表一种材质。示例窗的右侧和下方分别为垂直工具栏和水平工具栏。垂直工具栏主要用于示例窗的显示设定，水平工具栏主要用于对示例窗的操作。

1."材质编辑器"中的常用工具栏按钮

1）将材质放入场景：调整材质之后，更新场景中的已应用于对象的该材质。

图 7.73 "材质编辑器"窗口

2）将材质指定给选定对象：将当前选定的材质指定给视图中选定的对象。

3）重置材质/贴图为默认设置：将当前材质参数恢复到默认值。

4）生成材质副本：复制当前选定的材质，生成材质副本。

5）使唯一：将两个关联的材质的实例化属性断开，使贴图实例成为唯一的副本。

6）放入库：将当前选定的材质添加到当前库中。

7）材质 ID 通道：材质 ID 值等同于对象的 G 缓冲区值，范围为 1～15。长按该按钮，选择弹出的数值按钮为当前材质指定 ID，以便通道值可以在后期处理应用程序中使用。

8）显示最终结果：当此按钮处于启用状态时，示例窗将显示材质树中所有贴图和明暗器组合的效果。当此按钮处于禁用状态时，示例窗只显示材质的当前层级效果。

9）转到父对象：在当前材质中上移一个层级。

10）转到下一个同级项：选定当前材质中相同层级的下一个贴图或材质。

2. 标准材质的"明暗器基本参数"卷展栏

3ds Max 的默认材质是"标准"材质，它适用于大部分模型。设置标准材质首先要选择明暗器。在"明暗器基本参数"卷展栏中提供了 8 种不同的明暗类型，每种明暗器都有一组用于特定目的的特性，可在下拉列表中进行选择。例如，"金属"明暗器用于创建有光泽的金属效果；"各向异性"明暗器可创建高光区为拉伸并成角的物体表面，模拟流线型的表面高光，如头发、玻璃等。"明暗器基本参数"卷展栏除可以设置明暗器外，还包含以下功能选项。

1）线框：以线框模式渲染材质。用户可在"扩展参数"卷展栏中设置线框的大小。

2）双面：使材质成为"双面"渲染对象的内外两面。

3）面贴图：将材质应用到几何体的各个面。

4）面状：就像表面是平面一样，渲染对象表面的每一面。

3．标准材质的构成

（1）颜色构成

标准材质选择不同明暗器时参数略有不同，但颜色主要通过环境光、漫反射、高光反射 3 部分色彩来模拟材质的基本色。环境光设置对象阴影区域的颜色，漫反射决定对象本身的颜色，高光反射则设置对象高光区域的颜色。

（2）反射高光

不同的明暗器对应的高光控制是不同的，"反射高光"选项组决定了高光的强度和范围形状。常用的反射高光参数有高光级别、光泽度和柔化。"高光级别"决定了反射高光的强度，其值越大，高光越亮；"光泽度"控制反射高光的范围，值越大范围越小；"柔化"设置高光区域的模糊程度，使之与背景更融合，值越大柔化程度越强。

（3）自发光

自发光用来模拟彩色灯泡从对象内部发光的效果。采用自发光，实际就是使用漫反射颜色替换曲面上的阴影颜色。

（4）不透明度

不透明度用来设置对象的透明程度，其值越小越透明，0 则为全透明。设置不透明度后，可以单击"材质编辑器"右侧的"背景"按钮，使用彩色棋盘格图案作为当前材质示例窗的背景，这样更加便于观察效果。

7.4.2　贴图类型

3ds Max 中通过对材质的设计、调整来描述对象在光线照射下的反射和传播光线的方式。其中，材质贴图用于模拟材质表面的纹理、质地，以及折射、反射等效果。3ds Max 的所有贴图都可以在"材质/贴图浏览器"窗口中找到，贴图包含的类型繁多，常用的包括以下几种。

1．二维贴图

二维贴图是二维平面图像，常用于为几何对象的表面或环境贴图创建场景背景。位图是最常用、最简单的二维贴图。其他二维贴图均由程序生成，包括平铺贴图、棋盘格贴图、渐变贴图等。

2. 三维贴图

三维贴图是由程序生成的三维模板，它拥有独立的坐标系统。被赋予这种材质的对象切面纹理与外部纹理是相匹配的。常见的三维贴图包括凹痕贴图、烟雾贴图、大理石贴图等。

3. 合成器贴图

合成器贴图用于混合处理不同的颜色和贴图，包括合成贴图、混合贴图、遮罩贴图及 RGB 倍增贴图 4 种类型。

4. 反射和折射贴图

具有反射或折射效果的对象需要使用此类贴图，包括光线跟踪贴图、反射/折射贴图、平面镜贴图及薄壁折射贴图 4 种类型。

在"材质编辑器"窗口的"贴图"卷展栏中，单击某一贴图通道的"None"按钮，将打开"材质/贴图浏览器"窗口，可以选择任何一种类型的贴图作为材质贴图。

【例 7.9】制作"瓷器"材质。

1）打开例 7.2 制作的"杯子.max"文件，选中杯子模型。

2）单击主工具栏上的"材质编辑器"按钮，打开"材质编辑器"窗口。

3）单击任意一个材质球，在"明暗器基本参数"卷展栏中选择明暗器类型为 Blinn，勾选"双面"复选框。在"Blinn 基本参数"卷展栏中，设置"环境光"为白色，"自发光"为 15，"高光级别"为 95，"光泽度"为 75，如图 7.74 所示。

图 7.74　明暗器及 Blinn 基本参数设置

4）在"贴图"卷展栏中，单击"反射"右侧的"None"按钮，打开"材质/贴图浏览器"窗口，双击"光线跟踪"贴图。

5）在"光线跟踪器参数"卷展栏中，单击"背景"中的"无"按钮，再次打开"材质/贴图浏览器"窗口，双击"位图"贴图，在弹出的"选择位图图像文件"对话框中打开材质图片（可使用从本书提供网址下载的素材图片 bxg.jpg）。

6）单击两次"转到父对象"按钮，修改反射的数量为 10。

7）单击"将材质指定给选定对象"按钮，把编辑好的材质指定给杯子。

8）单击"在视图中实现标准贴图"按钮，可以在当前视图中预览贴图效果。

9）按 F9 键进行渲染，查看最终效果。

10）保存文件。

【例 7.10】制作"血管"材质。

1）打开例 7.7 制作的"血管红细胞.max"文件，选中血管模型。

2）单击主工具栏上的"材质编辑器"按钮，打开"材质编辑器"窗口。

3）单击任意一个材质球，在"明暗器基本参数"卷展栏中选择明暗器类型为 Blinn。基本参数设置如图 7.75 所示。其中，漫反射和环境光颜色为默认颜色，高光颜色参数设置如图 7.76 所示。

图 7.75　血管的明暗器及 Blinn 基本参数设置　　　图 7.76　高光颜色参数设置

4）在"贴图"卷展栏中，单击"漫反射颜色"右侧的"None"按钮，打开"材质/贴图浏览器"窗口，双击"衰减"贴图。衰减参数设置如图 7.77 所示，其中第 2 个色块参数设置如图 7.78 所示。

图 7.77　衰减参数设置　　　　　　　图 7.78　衰减第 2 个色块参数设置

5）单击第 1 个色块右侧的"None"按钮，打开"材质/贴图浏览器"窗口，双击"噪波"贴图。噪波参数设置如图 7.79 所示，其中第 1 个色块参数设置如图 7.80 所示，第 2 个色块参数设置如图 7.81 所示。

6）单击两次"转到父对象"按钮，展开"贴图"卷展栏，将"凹凸"的值修改为 80，单击"凹凸"右侧的"None"按钮，打开"材质/贴图浏览器"窗口，双击"细胞"贴图，参数采用默认值即可。

7）单击"将材质指定给选定对象"按钮，把编辑好的材质指定给血管。

8）按 8 键，弹出"环境和效果"对话框，单击"环境贴图"下面的"None"按钮，打开"材质/贴图浏览器"窗口，双击"位图"贴图，在弹出的对话框中选择血管的背景图（读者可自行在互联网中下载），单击"打开"按钮。

9）按 F9 键进行渲染，血管红细胞渲染效果图如图 7.82 所示，保存文件。

图 7.79　噪波参数设置

图 7.80　第 1 个色块参数设置

图 7.81　噪波第 2 个色块参数设置

图 7.82　血管红细胞渲染效果图

7.4.3　贴图坐标

贴图坐标用于指定贴图在对象上放置的位置、大小比例、方向等。通常系统默认的贴图坐标就能达到较好的效果，而某些贴图则可以根据需要改变贴图的位置、角度等。

对于某些贴图而言，可以直接在"材质编辑器"窗口的"坐标"卷展栏中进行贴图的偏移、平铺、角度设置；也可以在材质编辑器中为对象设置贴图后，在"修改"面板中添加"UVW 贴图"修改器，然后在该修改器的"参数"卷展栏中可以选择贴图坐标类型。具体的贴图坐标类型如下：

1）平面：以物体本身的面为单位投射贴图，两个共边的面将投射为一个完整贴图，单个面则会投射为一个三角形。

2）柱形：贴图投射在一个柱面上，环绕在圆柱的侧面。这种方式用于造型近似柱体的对象时非常有效。默认状态下柱面坐标系会处理顶面与底面的贴图。若勾选"封口"复选框，则会在顶面与底面分别以平面方式进行投影。

3）球形：贴图坐标以球形方式投射在物体表面，但此种贴图会出现一个接缝，这种方式常用于造型类似球体的对象。

4）收紧包裹：该坐标方式也是球形的，但收紧了贴图的四角，将贴图的所有边聚集在球的一点，这样可以使贴图不出现接缝。

5）长方体：将贴图分别投射在 6 个面上，每个面都是一个平面贴图。

6）面：直接为对象的每块表面进行平面贴图。

7）*XYZ* 到 *UVW*：贴图坐标的 *X*、*Y*、*Z* 轴会自动适配物体造型表面的 *U*、*V*、*W* 方向。此类贴图坐标可自动选择适配物体造型的最佳贴图形式，不规则对象比较适合选择此种贴图方式。

7.5　摄影机与灯光

一幅好的效果图需要好的观察角度让人一目了然，因此调节摄影机是进行工作的基础。灯光的主要目的是对场景产生照明、烘托场景气氛和产生视觉冲击。产生的照明是由灯光的亮度决定的，烘托气氛是由灯光的颜色、衰减和阴影决定的，产生视觉冲击是结合前面建模和材质并配合灯光摄影机的运用来实现的。

7.5.1　摄影机

摄影机用于从不同的角度、方向观察同一个场景，通过调节摄影机的角度、镜头、景深等设置，可以得到一个场景的不同效果。3ds Max 摄影机是模拟真实的摄影机设计的，具有焦距、视角等光学特性，但也能实现一些真实摄影机无法实现的操作，如瞬间更换镜头等。

1．摄影机的类型

3ds Max 提供了两种摄影机，即目标摄影机和自由摄影机。

1）目标摄影机在创建时就创建了两个对象：摄影机本身和摄影目标点。将目标点链接到动画对象上，就可以拍摄视线跟踪动画，即拍摄点固定而镜头跟随动画对象移动。所以目标摄影机通常用于跟踪拍摄、空中拍摄等。

2）自由摄影机在创建时仅创建了单独的摄影机。这种摄影机可以很方便地被操控，并进行推拉、移动、倾斜等操作，摄影机指向的方向即为观察区域。自由摄影机比较适合绑定到运动对象上进行拍摄，即拍摄轨迹动画，其主要用于流动拍摄、摇摄和轨迹拍摄。

2．摄影机的主要参数

两种摄影机的参数绝大部分是相同的，在此进行统一介绍。

1）"镜头"微调框：设置摄影机镜头的焦距长度，单位为毫米（mm）。镜头的焦距决定了成像的远近和景深。其值越大，看得越远，但视野范围越小，景深也越小。焦距在 40～55mm 范围内为标准镜头。焦距在 17～35mm 范围内为广角镜头，拍摄的画面视野宽阔、景深长，可以表现出很大的清晰范围。焦距在 6～16mm 范围内的为短焦镜头，这种镜头视野更加宽阔，但是物体会产生一些变形。在"备用镜头"选项组中则提供了一些常用的镜头焦距。

2）"视野"微调框：设置摄影机观察范围的宽度，单位为度。"视野"与焦距是紧密相连的，焦距越短，视野越宽。

7.5.2 灯光

"灯光"对象是用来模拟现实生活中不同类型的光源的，通过为场景创建灯光可以增强场景的真实感、场景的清晰程度和三维纵深度。在没有添加"灯光"对象的情况下，场景会使用默认的照明方式，这种照明方式根据设置由一盏或两盏不可见的灯光对象构成。若在场景中创建了"灯光"对象，系统的默认照明方式将自动关闭。若删除场景中的全部灯光，默认照明方式又会重新启动。在渲染图中光源会被隐藏，只渲染出其发出的光线产生的效果。3ds Max 中提供了标准灯光和光度学灯光。标准灯光简单、易用，光度学灯光则较复杂。下面主要介绍标准灯光的类型和参数。

1．标准灯光的类型

（1）聚光灯

聚光灯能产生锥形照射区域，有明确的投射方向。聚光灯分为目标聚光灯和自由聚光灯。目标聚光灯创建后产生投射点和目标点两个可调整对象。这种聚光灯可以方便地调整照明的方向，一般用作模拟路灯、顶灯等固定不动的光源。自由聚光灯创建后仅产生投射点这一个可调整对象，一般用作模拟手电筒、车灯等动画灯光。

（2）平行光

平行光的光线是平行的，它能产生圆柱形或矩形棱柱照射区域。平行光分为目标平行光与自由平行光。目标平行光与目标聚光灯相似，也包含投射点和目标点两个对象，一般用于模拟太阳光。自由平行光则只包含了投射点，只能整体移动和旋转，一般用于对运动物体进行跟踪照射。

（3）泛光

泛光是一个点光源，没有明确的投射方向，它由一个点向各个方向均匀地发射出光线，可以照亮周围所有的物体。但需要注意，如果过多地使用泛光会令整个场景失去层次感。

（4）天光

天光是一种圆顶形的区域光。它可以作为场景中唯一的光源，也可以和其他光源共同模拟出高亮度和整齐的投影效果。

2．灯光的常用参数

不同种类的灯光，参数设置略有不同，这里主要介绍常用的基本参数的设置方法。

1）"常规参数"卷展栏：主要用于确定是否启用灯光、灯光的类型、是否投射阴影及启用阴影时阴影的类型。

2）"强度/颜色/衰减"卷展栏："倍增"微调框用于指定灯光功率放大的倍数；"衰退"选项组用于设置衰退算法，配合"近距衰减"和"远距衰减"模拟距离灯光远近不同的区域的亮度。

3）"阴影参数"卷展栏：用于设置场景中物体的投影效果，包括阴影的颜色、密度（密度越高阴影越暗）、设置阴影的材质、确定灯光的颜色是否与阴影颜色混合。除了设置阴影的常规属性外，也可以让灯光在大气中透射阴影。

7.6　基 础 动 画

动画是以人眼的"视觉暂留"特性为基础实现的。当一系列相关的静态图像在人眼前快速移动经过的时候，人们看到的就是动态的，这其中的每一个静态图像称为一帧。3ds Max 采用了关键帧的动画技术，创作者只需要制作关键帧中的内容即可，两个关键帧之间的信息由 3ds Max 计算得出。

7.6.1　时间配置

"时间配置"对话框用于设置动画的时长、帧频、时间显示格式等。单击动画控制区中的"时间配置"按钮，弹出"时间配置"对话框，即可进行相应的设置，如图 7.83所示。

图 7.83 "时间配置"对话框

1."帧速率"选项组

"帧数率"选项组用于设置帧频,帧频越高,动画的播放速度越快,但占用的空间也会越高。其中 NTSC(30f/s)、PAL(25f/s)和电影(24f/s)均为视频格式标准制式,帧频固定。若点选"自定义"单选按钮,则可以在"FPS"微调框中自行指定帧频,单位为 f/s。

2."时间显示"选项组

"时间显示"选项组用于设置时间显示的方式。默认状态下选择不同的时间显示方式时,时间滑块在起始位置的显示状态,如图 7.84 所示。

(a)帧   (b) SMPTE

(c)帧:TICK   (d)分:秒:TICK

图 7.84 不同方式时间显示效果

1)帧:仅显示帧值。

2)SMPTE:一种标准时间显示格式,从左到右依次显示分、秒、帧,以冒号分隔。

3)帧:TICK:显示帧和点,一个点相当于 1/4800s。

4）分：秒：TICK：从左到右依次显示分、秒、点，以冒号分隔。

3．"播放"选项组

1）实时：视口中播放的动画与当前"帧速率"保持一致。

2）仅活动视口：播放动画时仅当前视口播放，其他视口保持静止。

3）循环：控制动画仅播放一次或循环播放直到用户主动停止。

4）速度：指定动画播放速度。

5）方向：若不勾选"实时"复选框，则可指定动画播放的方向。

4．"动画"选项组

1）开始时间/结束时间：指定时间滑块中显示的范围。

2）长度：指定显示活动时间段的帧数，用于控制动画的长短。

3）帧数：指定要渲染的帧数，其值为长度加 1。

4）当前时间：指定时间滑块当前帧。

5）重缩放时间：调整活动时间段的动画，以匹配指定的新时间段。

5．"关键点步幅"选项组

"关键点步幅"选项组用于配置启用关键点模式时所使用的方法。默认勾选"使用轨迹栏"复选框，指定关键点模式遵循轨迹栏中的全部关键点。

7.6.2 "自动关键点"动画制作模式

单击如图 7.85 所示的"自动关键点"按钮即可开始创建动画。开启该状态后，"自动关键点"按钮、时间滑块和活动视口边框均会呈现红色，用以指示当前处于动画制作模式，如图 7.85 所示。此时软件会自动将当前帧记录为关键帧，更改场景中物体的任何属性均会被自动记录为动画。

利用"自动关键点"模式制作动画的一般步骤如下。

1）在起始帧创建模型，设置场景。

2）单击"自动关键点"按钮，启动"自动关键点"模式。

3）拖动时间滑块到需要产生变化的时间位置上。

4）变换对象或修改可设置动画的参数。

【例 7.11】制作茶壶缩放动画。

1）创建新文件，单击"创建"按钮，打开"创建"面板。

2）单击"几何体"按钮。

3）在下拉列表中选择"标准基本体"选项。

4）在"对象类型"卷展栏中单击"茶壶"按钮。在上视图中按住鼠标左键并拖动，创建茶壶,在"参数"卷展栏中设置"半径"为500。

图 7.85 启动"自动关键点"模式的界面

5)单击"自动关键点"按钮,启动动画制作状态。

6)拖动时间滑块到第 30 帧。

7)单击"修改"按钮,打开"修改"面板,修改"半径"的值为1000。

8)拖动时间滑块到第 60 帧。

9)单击"修改"按钮,打开"修改"面板,修改"半径"的值为500。

10)单击"时间配置"按钮,弹出"时间配置"对话框,设置"动画"选项组中的"长度"值为60。

11)单击"播放动画"按钮,查看动画效果。

7.6.3 "设置关键点"动画制作模式

单击"设置关键点"按钮可开启或关闭"设置关键点"模式。开启"设置关键点"模式后,时间轴都变成红色。此时单击"设置关键点"按钮 ⚷,软件将当前帧记录为关键帧,并记录下对模型的任一修改。这种模式下,可以通过调整对象的参数控制动画,也可以控制关键点的对象及时间。可以使用"轨迹视图"和"过滤器"中的"可设置关键点"图标来指定对哪些轨迹可以设置关键点。

利用"设置关键点"模式制作动画的一般步骤如下。

1)在起始帧创建模型,设置场景。

2)单击 设置关键点 按钮,启动"设置关键点"模式。

3)拖动时间滑块到需要产生变化的时间/帧位置上,调整场景中对象产生变化,然

后单击 ⊶ 按钮，设置关键帧。

【例 7.12】制作摆放茶具动画。

1）创建新文件，单击"创建"按钮，打开"创建"面板。

2）单击"图形"按钮。

3）在下拉列表中选择"样条线"选项。

4）在"对象类型"卷展栏中单击"线"按钮。

5）在前视图中绘制样条线，绘制结果如图 7.86 所示。

6）单击"修改"按钮，打开"修改"面板，在"选择"卷展栏中单击"顶点"按钮，进入"顶点"层级，然后微调顶点。此时若对部分顶点位置不满意，可使用移动工具进行调整。

7）在"几何体"卷展栏中单击"圆角"按钮，在需要进行圆角处理的几个拐点处向上拖动，制作圆滑效果，调整结果如图 7.87 所示。

图 7.86　托盘样条线

图 7.87　圆角处理结果

8）单击"修改"按钮，打开"修改"面板，在"修改器列表"下拉列表中添加"车削"修改器。

9）单击"车削"左侧的加号按钮，选择"轴"命令，如图 7.88 所示。

10）单击"选择并移动"按钮，沿 X 轴向左移动，使车削结果成为一个圆盘，最终效果如图 7.89 所示。

图 7.88　选择车削轴

图 7.89　车削轴处理结果

11）在"车削"修改器的"参数"卷展栏中，点选"输出"选项组的"面片"单选按钮，使车削结果更加光滑。

12）单击"创建"按钮，打开"创建"面板。

13）单击"摄影机"按钮。

14）在下拉列表中选择"标准"选项。

15）在"对象类型"卷展栏中单击"目标"按钮。

16）在上视图中拖动创建目标摄影机，调整摄影机及目标位置。使透视图成为活动视口，按 C 键，将其转换为摄影机视图，效果如图 7.90 所示。

图 7.90　添加目标摄影机

17）单击"创建"按钮，打开"创建"面板。

18）单击"几何体"按钮。

19）在下拉列表中选择"标准基本体"选项。

20）在"对象类型"卷展栏中单击"茶壶"按钮。

21）在上视图中按住鼠标左键并拖动，创建茶壶。在"参数"卷展栏中适当调整其"半径"值，使茶壶与托盘大小相匹配，适当增加"分段"值，使茶壶表面更加光滑。

22）使用例 7.2 的方法创建茶杯，并调整其"半径"值，使其与托盘及茶壶大小相匹配。再复制 3 个茶杯。

23）调整茶壶与茶杯的位置，摆放在摄像机拍摄范围之外，效果如图 7.91 所示。

图 7.91 茶具摆放位置

24）将时间滑块移动到第 0 帧，单击设置关键点按钮，启动"设置关键点"模式。

25）微调茶壶的位置，然后单击按钮，添加第一个关键帧。

26）将时间滑块移动到第 30 帧，调整茶壶的位置到托盘上方，然后单击按钮，添加第二个关键帧，效果如图 7.92 所示。

27）将时间滑块移动到第 45 帧，调整一个茶杯的位置到托盘上方，然后单击按钮，添加第三个关键帧。

28）重复步骤 27），在适当的位置添加关键帧，依次将其他 3 个茶杯摆放在合适的位置，最后一个关键帧效果如图 7.93 所示。

29）单击"播放动画"按钮，查看动画效果。

图 7.92　摆放茶壶的位置

图 7.93　摆放茶壶、茶杯的位置

7.6.4　动画生成的基本流程

1．进行时间配置

在制作动画之前要设置动画时长、帧频、时间显示方式等参数。

2．制作场景及对象模型

开始制作前设计好动画情节，根据情节对场景及对象进行建模。在建模过程中要根据情节的要求设置相应参数，包括灯光和摄影机等。

3．记录动画

采用"自动关键点"动画制作模式或"设置关键点"动画制作模式，配合其他工具记录下场景中对象的变化。

4．结束记录

所有的关键点设置完毕后单击"自动关键点"按钮或"设置关键点"按钮退出记录关键点的状态，时间轨迹恢复正常。

5．播放及调整动画

动画制作完成后，利用动画播放控制区的按钮控制动画播放，查看动画效果，并反复进行调整和测试。

6．渲染生成视频文件

动画制作完成最终需要渲染才能够生成视频文件，使用视频播放软件观看。3ds Max中默认渲染结果为单帧效果，要渲染成视频需要首先进行渲染设置。单击主工具栏上的"渲染设置"按钮或按 F10 键可弹出"渲染设置：默认扫描线渲染器"对话框，如图 7.94所示。

要渲染出视频文件需要进行以下设置。

1）"时间输出"选项组：点选"活动时间段"或"范围"单选按钮，指定渲染的帧范围。

2）"输出大小"控制区：根据需要设置视频的分辨率。

3）"要渲染的区域"控制区：单击"文件"按钮，弹出"渲染输出文件"对话框，如图 7.95 所示。指定视频文件保存位置，在"保存类型"下拉列表中选择保存的文件类型（如 AVI 文件）单击"保存"按钮，返回"渲染设置：默认扫描线渲染器"对话框。设置完成后单击"渲染"按钮即可在指定的保存位置生成视频文件。

图 7.94　"渲染设置"对话框

图 7.95　"渲染输出文件"对话框

本 章 小 结

采用三维模型替代各种医学形态学科中的图片可以给人以更加真实的感受，因此，制作优秀的医疗三维模型对智能医学而言是至关重要的。

本章简要讲解了 3ds Max 的基础知识、常用工具的用法、常用建模方法、材质与贴图的设置、灯光和摄影机的基本知识，以及基础动画的制作方法。本章的例题设计由浅入深，体现了 3ds Max 建模、制作动画、渲染的一般过程，通过学习并动手实践制作实例，可以对本章介绍的知识有所了解和运用，进而达到举一反三的目的。

【注释】

Discreet 公司：是全球第四大计算机软件公司——Autodesk 的子公司。其数字解决方案 3ds Max、Combustion 等，在数字艺术设计领域、影视视觉特效领域发挥了举足轻重的作用，建立了数字影视制作领域的多个行业标准。

第8章　三维开发工具 Unity 3D

导学

内容与要求

本章主要介绍 Unity 3D 三维建模工具的功能和简单应用。Unity 3D 相对于其他的 3D 游戏开发环境的优势是所见即所得，开发者可以在整个开发过程中实时地查看到自己制作游戏的运行情况，这使游戏开发过程变得直观且简单。在资源导入方面，Unity 3D 对于 3ds Max、Maya、Blender、Cinema 4D 和 Cheetah 3D 的支持都较好，很好地解决了跨平台和多软件相互协作的问题。所以对于初学者而言，Unity 3D 是一款非常好的三维建模工具，本章将对 Unity 3D 加以介绍。

1. 介绍三维开发工具 Unity 3D 和虚幻引擎 4。要求了解 Unity 3D 的主要功能，包括 Unity 3D 的版本、安装、Unity 3D 界面及菜单介绍，并掌握 Unity 3D 的主要功能及常用菜单。

2. 介绍 Unity 3D 的对象与脚本，介绍了小程序 Hello Cube，之后分别讲解了在 Unity 3D 中如何调试程序及制作光照、地形、天空盒、物理引擎和动画系统。要求掌握运用 Unity 3D 制作简单的应用的方法。

3. 介绍外部资源应用，包括贴图和 3ds Max 静态和动态模型导出。要求掌握 3ds Max 的模型导入 Unity 3D 中的方法。

重点与难点

本章的重点是掌握 Unity 3D 基本建模方法、其他工具模型导入和简单的脚本应用，难点是了解 Unity 3D 中脚本的应用。

Unity 3D 是目前应用最广的三维开发工具和游戏开发平台，在智能医学中同样具有广泛应用，如虚拟手术、虚拟机器人等，并具有很好的平台兼容性。本章将以 Unity 3D 为例由浅入深地对三维开发工具进行介绍。

8.1　三维开发工具简介

本节介绍当前主流的三维开发工具,包括 Unity 3D 和虚幻引擎 4 的主要功能和各自的特点,并对两种开发工具进行简要对比。

8.1.1　Unity 3D 介绍

Unity 3D 是由 Unity Technologies 开发的一款轻松创建三维游戏、建筑可视化、实时三维动画等类型的多平台互动综合型三维建模开发工具,是一个全面整合的专业游戏引擎。Unity 类似于 Director、Blender game engine、Virtools 或 Torque Game Builder 等利用交互的图形化开发环境为首要方式的软件,其编辑器运行在 Windows 和 Mac OS X 下,可发布游戏至 Windows、Mac、Wii、iPhone、Windows Phone 8 和 Android 平台;也可以利用 Unity web player 插件发布网页游戏,支持 Mac 和 Windows 的网页浏览。因为 Mac Widgets 支持网页播放器,所以它可在计算机平台开发和测试,然后只需要很少的改动,即可将游戏移植到其他平台。图 8.1 为三维建模工具为 Unity 3D 的界面。

图 8.1　三维建模工具 Unity 3D 的界面

据不完全统计,目前国内有 80%的 Android、iOS 手机游戏使用 Unity 3D 进行开发,如著名的手机游戏《神庙逃亡》就是使用 Unity 3D 开发的。另外,《纵横时空》《星际陆战队》《新仙剑奇侠传 Online》等上百款游戏也是使用 Unity 3D 开发的。

Unity 3D 不仅在游戏行业有广泛的应用,而且在医学、人工智能、教育、工程模拟、3D 设计等方面也有广泛的应用。近年来,国内外利用 Unity 3D 实现医学虚拟现实交互平台和教学平台的案例逐步增多,如利用 Unity 3D 实现虚拟医学实验室,如图 8.2 所示。

Unity 3D 提供强大的关卡编辑器,支持大部分主流 3D 软件格式,使用 C#或 JavaScript 等高级语言实现脚本功能,使开发者无须了解底层复杂的技术,快速地开发出具有高性能、高品质的游戏产品，本章案例全部使用 C#。

图 8.2 Unity 3D 实现虚拟医学实验室

Unity 3D 具有多平台支持、插件丰富等优点，但由于 Unity 3D 的设计初衷，其在医学应用等方面具有一定的局限性，如在 Unity 3D 中实现柔软的组织器官就十分复杂。

8.1.2 虚幻引擎 4 介绍

虚幻引擎（unreal engine，UE）是 EPIC 公司开发的新一代游戏引擎，支持 Windows Vista、Windows 7 及 Windows 8 系统，4.1 版之后已经开始支持 Linux、SteamOS 及 PS4、Xbox One 主机平台。图 8.3 为虚幻引擎制作的官方示例宣传视频画面。

图 8.3 虚幻引擎制作的官方示例宣传视频画面

第一代虚幻引擎在 1998 年由 Epic Games 公司发行。当时 Epic Games 公司为了适应游戏编程的特殊需要而专门为虚幻系列游戏引擎创建了一种名为 UnrealScript 的编程语言，该语言让这个游戏引擎变得非常容易、方便，因而这个游戏引擎名声大振。2002 年，Epic Games 公司发布了第二代虚幻引擎 2（UE2）。虚幻引擎提供的关卡编辑工具

UnrealEd 能够对物体的属性进行实时修改，它也支持当时的次世代游戏机，如 PlayStation2、XBox 等。2006 年，Epic Games 公司发布了第三代虚幻引擎（UE3），这款游戏引擎受到用户的极大欢迎并得到广泛使用。此后 UE3 又发布了一个极其重要的特性，那就是 Kismet 可视化脚本工具，Kismet 工作的方式就是以用各种各样的节点来连接成一个逻辑流程图。2014 年，Epic Games 公司发布了 UE4。此次版本改变巨大，完全移除了 UnrealScript 语言，并且用 C＋＋语言来代替。利用虚幻引擎开发医学虚拟现实场景的项目有很多，如虚幻商城的"First Aid Pack"项目，包括常用的急救医疗器械，如图 8.4 所示。

图 8.4 "First Aid Pack"项目

相比于其他三维开发工具，如 Unity 3D，UE4 具有开源、画质优良逼真、沉浸效果好等优势，但是由于虚幻引擎对计算机图形学、美术设计及编程等专业技术要求较高，并且虚幻游戏一般需要 10 人以上的开发团队，所以本书以 Unity 3D 为例对三维开发工具的各项功能及操作进行讲解。

8.2 Unity 3D 入门及其功能概述

本节介绍 Unity 3D 的主要界面和常用菜单功能，使读者对 Unity 3D 的主要功能有一个初步的认识。

8.2.1 Unity 3D 的界面

Unity 3D 提供了基础版和专业版两个版本，专业版相对于基础版有更多高级功能，如实时阴影效果、屏幕特效等。基础版能满足学习过程中的大部分开发需求，本章例题均以基础版为例。

在 PC 和 Mac 平台上，基础版是完全免费的，但针对移动端，如 iOS、Android 等平台则要收取授权费用。登录 Unity 3D 的在线商店 https://store.unity3d.com/subscribe 可以了解详细的价格情况。

在 Unity 3D 的官方网站 http://unity3d.com/cn/可以免费下载 Unity 3D，包括 PC 版和 Mac 版，也包括专业版和针对 Flash、iOS、Android 等平台的全部功能。下载 Unity 3D 后，运行安装程序，按提示安装即可。安装完成并且注册（专业版需付费）之后，就可以进入图 8.5 所示的界面。

图 8.5　Unity 3D 初始界面

注意：新建 Unity 3D 项目后，一定要放在非中文命名的路径中。此外，每次在创建新项目时，Unity 3D 都会重启，这是正常现象，不要误认为 Unity 3D 没有安装成功。

8.2.2　Unity 3D 的菜单

图 8.5 为 Unity 3D 经典 2 by 3 结构界面，界面呈现了 Unity 3D 常用的几个面板，各个面板和菜单工具的详细说明如下。

1）Scene（场景）面板：该面板为 Unity 3D 的编辑面板，可以将所有的模型、灯光及其他材质对象拖放到该场景中，以构建游戏中所能呈现的景象。

2）Game（游戏）面板：与场景面板不同，该面板是用来渲染场景面板中的景象的。该面板不能用于编辑，但可以呈现完整的动画效果。

3）Hierarchy（层次）面板：该面板的主要功能是显示放在场景面板中所有的物体对象。

4）Project（项目）面板：该面板的主要功能是显示该项目文件中的所有资源列表。除了模型、材质、字体等，还包括该项目的各个场景文件。

5）Inspector（监视）面板：该面板栏会呈现出任何对象所固有的属性，包括三维坐标、旋转量、缩放大小、脚本的变量和对象等。

6）场景调整工具：用于改变编辑过程中的场景视角、更换物体世界坐标和本地坐标、改变物体法线中心的位置及物体在场景中的坐标位置，缩放大小等。

7）"播放""暂停""逐帧"按钮：用于运行游戏、暂停游戏和逐帧调试程序。

8）"层级显示"按钮：勾选或取消该下拉列表中对应层的名称，就能决定该层中所有物体是否在场景面板中显示。

9）"版面布局"按钮：调整该下拉列表中的选项，即可改变编辑面板的布局。

10）菜单栏：和其他软件一样，菜单栏包含了软件大多数要用到的工具下拉菜单。

除了 Unity 3D 初始化的这些面板以外，还可以通过"Add Tab"按钮和菜单栏中的"Window"下拉菜单，增添其他面板和删减现有面板。还有用于制作动画文件的 Animation（动画）面板，用于观测性能指数的 profiler（分析器）面板，用于购买产品和发布产品的 Asset Store（资源商店），用于控制项目版本的 Asset Server（资源服务器），用于观测和调试错误的 Console（控制台）面板。

菜单栏包含 7 个菜单选项，分别是 File（文件）、Edit（编辑）、Assets（资源）、Game Object（游戏对象）、Component（组件）、Window（窗口）、Help（帮助）。这些是 Unity 3D 中标准的菜单选项卡，每个菜单选项卡又有各自的子菜单。本章将逐步讲解如何使用这些菜单，另外，在《虚拟现实与增强现实应用指南》（娄岩主编，科学出版社出版）中列出了各个菜单栏及下拉菜单的功能及其译名，可供读者参考。

8.3　Unity 3D 的对象与脚本

8.3.1　Unity 3D 的对象

在 Unity 3D 中，可以方便地创建 3D 对象，如立方体、球体、平面等。方法是在"Hierarchy"面板中右击，在弹出的快捷菜单中选择"3D Object"命令，然后选择相应的 3D 对象进行创建，如图 8.6 所示，或者选择"Create"→"3D Object"命令创建 3D 对象。

创建 3D 对象后，可以通过"Inspector"面板调整对象的各项属性，如对象的位置、大小、旋转角度及碰撞属性等，如图 8.7 所示。

其中，Transform 组件是每个对象都有的组件，Transform 组件主要包括对象的 Position（位置）、Rotation（旋转角度）及 Scale（缩放比例）信息，通过调整这些数值会改变对象相应的属性。

虚拟现实与增强现实应用基础

图 8.6　在 Unity 3D 中创建 3D 对象　　　　　图 8.7　"Inspector"面板

除了通过"Inspector"面板调整对象的"Transform"属性，还可以通过场景调整工具来调整对象的"Transform"属性，如图 8.8 所示。

图 8.8　场景调整工具

206

场景调整工具按钮在 Unity 3D 开发中会经常使用,其快捷键从左至右分别为 Q、W、E、R、T,其功能分别为调整视图、移动对象、旋转对象、缩放对象、选择对象。熟练掌握 Unity 3D 中的这些常用快捷键会大大提高开发效率。

在创建 Unity 3D 项目时可以看到,Unity 3D 会在"Hierarchy"面板中主动添加一个 Main Camera(主摄像机)对象。选择"Main Camera"对象,在场景面板中可以预览摄像机视图,如图 8.9 所示。

图 8.9 Main Camera 的预览视图

摄像机的预览视图就是游戏运行后的视图,可以通过"播放""暂停""逐帧"按钮进行游戏的播放、暂停和逐帧调试,如图 8.10 所示。

图 8.10 游戏运行效果

8.3.2　Unity 3D 的脚本

在 Unity 3D 中为了实现与对象的交互操作，需要为对象添加脚本。在 Unity 3D 中可以为对象添加 C#或者 JavaScript 脚本，在脚本中编辑相应代码，可以为对象设置丰富的交互，本章中的实例均使用 C#脚本进行编写。在 Unity 3D 添加脚本的方法主要有两种：一种是选择要添加脚本的对象，单击"Add Component"按钮，输入自定义脚本名称后，在"New Script"选项组中选择"C Sharp"脚本，然后单击"Create and Add"按钮创建脚本，如图 8.11 所示。

图 8.11　为对象创建 C#脚本

另外一种创建脚本的方法：在"Project"面板中选择"Assects"文件夹，再选择"Create"→"Script"创建一个脚本文件，然后将该脚本拖至其"Inspector"面板中来添加脚本组件。无论用哪种方法创建的脚本，都可以通过 Visual Studio 或者是 Unity 3D 自带的 MonoDevelop 打开，用两种工具打开的脚本是一模一样的，打开后的脚本如下：

```
using System.Collections;
using System.Collections.Generic;
using UnityEngine;
public class play : MonoBehaviour {
    // Use this for initialization
    void Start () {
    }

    // Update is called once per frame
    void Update () {
    }
}
```

以上是在 Unity 3D 中创建的空脚本，可以看到在 Unity 3D 中创建的空脚本也包含了一些方法。using UnityEngine、using System.Collections.Generic、using UnityEngine 是在 Unity 3D 中引用必备的命名空间；play 是脚本的名称，它必须和脚本文件的外部名称一致（如果不同，脚本无法在物体上被执行）。所有游戏执行语句，都包含在这个继承自 MonoBehaviour 类的自创脚本中。

void Start( )方法是脚本对象的初始化方法，该方法只在游戏开始时执行一次。void Update( )方法在游戏每一帧都执行一次，1s 默认为 30f，且是在 Start( )函数后执行。

本节将以一个小例子，即 Hello Cube 程序，介绍在 Unity 3D 中创建 3D 物体并在此物体上添加脚本的过程。

【例 8.1】Hello Cube 程序。

　　1）在场景中创建游戏对象，即在 Unity 3D 的"Hierarchy"面板中创建一个立方体"Cube"，在"Inspector"面板中修改其"Position"属性 X、Y、Z 均为 0，并适当调整 Main Camera 的位置，如图 8.12 所示。

图 8.12　在场景中创建 Cube 对象

　　2）为创建的对象添加脚本，本章脚本都以 C#脚本为例。添加脚本的方法：选择创建的立方体，在"Inspector"面板中单击"Add Component"按钮，创建一个名为"Cube Control"的 C#脚本，如图 8.13 所示。创建完成之后，可通过双击该脚本文件进入编辑器。

　　3）在编辑器中写入代码，实现操作对象移动。代码主要判断用户的按键操作，如果是上、下、左、右操作，则对指定的对象进行指定方向的旋转。代码应写在 Update( )方法中，程序的每一帧都会调用 Update 方法，1s 默认为 30f。具体实现代码如下：

图 8.13　创建 C#脚本

```
using UnityEngine;
using System.Collections;
public class CubeControl : MonoBehaviour {
// Use this for initialization
// Start 仅在 Update 函数第一次被调用前调用
```

```
void Start () {}
        // Update is called once per frame
void Update () {
        //键盘的上下左右键可以翻看模型的各个面（模型旋转）
        if(Input.GetKey(KeyCode.UpArrow)){                    //上
            transform.Rotate(Vector3.right*Time.deltaTime*10);}}
        if(Input.GetKey(KeyCode.DownArrow)){                  //下
            transform.Rotate(Vector3.left*Time.deltaTime*10);}}
        if(Input.GetKey(KeyCode.LeftArrow)){                  //左
            transform.Rotate(Vector3.up*Time.deltaTime*10);}}
        if(Input.GetKey(KeyCode.RightArrow)){                 //右
            transform.Rotate(Vector3.down*Time.deltaTime*10);}}
```

4）选择"File"→"Save Assets\CubeControl.cs"命令，保存编辑好的 Cube Control 脚本，图 8.14 所示。

图 8.14　保存编辑好的脚本

5）单击如图 8.15 所示的播放按钮，即可进入模拟器看到效果。这时，按下键盘中的上、下、左、右键，Cube 立方体会随着按键旋转，第一个 Unity 3D 程序——Hello Cube 就完成了，如图 8.15 所示。

图 8.15　Hello Cube 运行效果

6）发布程序。Unity 3D 具有强大的跨平台能力，Unity 3D 中的项目可以发布为各种主流类型操作系统兼容的应用程序。通过选择 "File" → "Build Settings" 命令，即可弹出如图 8.16 所示的 "Build Settings" 对话框。查看 "Platform" 下拉列表，发现其囊括了目前大部分操作平台，即在 Unity 3D 中可以实现一次开发多平台运行。

图 8.16　"Build Settings" 对话框

7）本例中将发布一个 Windows 平台的典型 EXE 程序和一个 Web 平台的 Flash 程序，各自的游戏预览如图 8.17 和图 8.18 所示。

图 8.17　Windows 平台游戏预览

图 8.18　Web 平台游戏预览

8.4　调试程序

游戏开发中出现错误是正常的，调试程序发现错误非常重要。本节将介绍调试程序的几种常用方式。

8.4.1　显示 Log

在 Unity 编辑器下方有一个"Console"窗格，用来显示控制台的信息。如果程序出现错误，这里会用红色的字体显示出错误的位置和原因，也可以通过在程序中添加输出到控制台的代码来显示一些调试结果：

```
Debug.Log("Hello world");
```

运行程序，当执行到 Debug.Log 代码时，在控制台会对应显示出"Hello world"信息，如图 8.19 所示。

这些 Log 内容不仅会在 Unity 编辑器中出现，而且当在手机上运行这个程序时仍然可以通过工具实时查看。

在"Console"面板的右侧选择"Open Editor Log"选项卡会打开编辑器的 Log 文档，当创建游戏后，这个 Log 文档中会显示出游戏的资源分配情况，如图 8.20 所示。

图 8.19　显示调试信息

Textures	587.1 kb	11.2%
Meshes	42.0 kb	0.8%
Animations	1.8 kb	0.0%
Sounds	2.1 mb	40.8%
Shaders	0.0 kb	0.0%
Other Assets	5.0 kb	0.1%
Levels	11.1 kb	0.2%
Scripts	11.6 kb	0.2%
Included DLLs	2.4 mb	46.3%
File headers	16.4 kb	0.3%
Complete size	5.1 mb	100.0%

图 8.20　Log 中保存的信息

8.4.2　设置断点

Unity 3D 自带的 Mono 脚本编辑器提供了断点调试功能，通过例 8.2 介绍其使用方法。

【例 8.2】在程序中设置断点。

1）将 MonoDevelop 作为默认的脚本编辑器。在"Project"面板中右击，在弹出的快捷菜单中选择"Sync MonoDevelop Project"命令，打开 MonoDevelop 编辑器。

2）在代码中按 F9 键设置断点。

3）在 MonoDevelop 的菜单栏选择"Run"→"Attach to Process"命令，弹出"Attach to Process"对话框，选择"Unity Editor"作为调试对象，然后单击"Attach"按钮，如图 8.21 所示。

4）在 Unity 编辑器中运行游戏，当运行到断点时游戏会自动暂停，这时可以在编辑器中查看调试信息，如图 8.22 所示。然后，按 F5 键越过当前断点，继续执行后面的代码。

图 8.21　使用"Unity Editor"作为调试对象

图 8.22　利用断点调试

8.5　光　影

在 3D 游戏中，光是一项重要的组成元素，一个漂亮的 3D 场景如果没有光影效果的烘托将暗淡无光。因此，Unity 提供了多种光影解决方案，下面逐一介绍。

8.5.1　光源类型

Unity 一共提供了 4 种光源，不同光源的主要区别在于照明的范围不同。在 Unity 菜单栏选择"GameObject"→"Create Other"命令，即可创建这些灯光，包括 Directional Light（方向光）、Point Light（点光源）、Spot Light（聚光灯）、Area Light（范围光）。

方向光像是一个太阳，光线会从一个方向照亮整个场景，在 Forward Rendering（正向渲染）模式下，只有方向光可以显示实时阴影，效果如图 8.23（a）所示。

点光源像室内的灯泡，从一个点向周围发射光线，光线逐渐衰减，如图 8.23（b）所示。

（a）方向光　　　　　　　　　　　　（b）点光源

图 8.23　方向光和点光源

聚光灯就像是舞台上的聚光灯，当需要光线按某个方向照射，并有一定范围限制时，那就可以考虑使用 Spot Light，如图 8.24（a）所示。

范围灯只有在 Pro 版中才能使用，它通过一个矩形范围向一个方向发射光线，只能被用来烘焙光照纹理（Lightmap），如图 8.24（b）所示。

（a）聚光灯　　　　　　　　　　　　（b）范围灯

图 8.24　聚光灯和范围灯

图 8.25　设置光源

这几种光源都可以在“Inspector”面板中进行设置，如图 8.25 所示。

其中，Range 决定光的影响范围，Color 决定光的颜色，Intensity 决定光的亮度，Shadow Type 决定是否使用阴影。Render Mode 是一个重要的选项，当设置为 Important 时其渲染将达到像素质量；当设置为 Not Important 时总是一个顶点光，但可以获得更好的性能。如果希望光线只用来照明场景中的部分模型，可通过设置

214

Culling　Mask 控制其影响对象。Lightmapping 可设置为 RealtimeOnly 或 BakedOnly，这将使光源仅能用于实时照明或烘焙 Lightmap。

8.5.2　环境光与雾

环境光是 Unity 提供的一种特殊光源，它没有范围和方向的概念，会整体地改变场景亮度。环境光在场景中是一直存在的，在菜单栏选择"Edit"→"Render Settings"命令，然后在"Inspector"面板中调节 Ambient Light 的颜色可对环境光的亮度和颜色进行设置。

若勾选"Fog"复选框还可以开启雾效果，设置"Fog Color"可以改变雾的颜色，设置"Fog Density"可以改变雾的强度，设置环境光和雾及其效果如图 8.26 所示。

图 8.26　设置环境光和雾及其效果

注意：雾效果对性能会造成一定影响，在硬件性能较差的平台要谨慎使用这个功能。

8.6　地　　形

Terrain（地形）是 Unity 3D 提供的地形系统，主要用来表现庞大的室外地形，特别适合表现自然的环境。本节将通过例 8.3 说明地形的应用。

【例 8.3】Unity 3D 地形系统的应用。

1）新建一个 Unity 工程，在"Project"面板中右击，在弹出的快捷菜单中选择"Import Package"→"Import Unity Package"命令，弹出"Import Unity Package"对话框（图 8.27），选择"Environment"→"Import"命令，然后单击"Import"按钮，导入 Unity 提供的 Environment 模型、贴图素材包。下面将使用 Unity 提供的这些素材完成一个地形效果。

2）在菜单栏选择"GameObject"→"3D Object"→"Terrain"命令，创建一个基本的地形。选择地形，可以在"Inspector"面板中设置 Terrain 选项，如图 8.28 所示。

图 8.27　"Import Unity Package" 对话框

图 8.28　设置地形

3）在"Inspector"面板的"Terrain"属性中，选择左侧第一项"Raise"（高度）工具，设置"Brush Size"改变笔刷大小，设置"Opacity"改变笔刷力度，然后在地形上绘制拉起表面。使用左侧第二项"Paint Height"（绘制高度）工具可以直接绘制指定高度。使用左侧第三项"Smooth Height"（光滑高度）工具可以光滑地形表面，如图 8.29 所示。

4）选择第四项"Paint Texture"（绘制纹理）工具，选择"Edit Textures"→"Add Texture"命令打开编辑窗口，为地形添加贴图，注意在 Tile Size 中设置贴图的尺寸。这个操作可以反复执行多次，添加多张贴图。最后在"Textures"选项中选择需要的贴图，将贴图添加到地形上面，如图 8.30 所示。

图 8.29　改变地形

图 8.30　添加贴图

5）选择第五项"Place Trees"（放置树木）工具，选择"Edit Trees"→"Add Tree"命令添加树模型，这个操作可以执行多次，加入多个模型。然后在"Trees"选项中选择需要的模型，将其添加到地形上面，如图 8.31 所示。

图 8.31　绘制树

6）选择第六项"Paint Details"（绘制细节）工具，选择"Edit Details"→"Add Grass Texture"命令添加草贴图（贴图一定要有 Alpha），选择"Add Detail Mesh"命令添加细节模型（如石头等），这个操作可以反复执行多次。然后在"Details"选项中选择需要的草贴图或细节模型，将其添加到地形上面，如图 8.32 所示。

图 8.32　绘制草

7）应用地形系统创建的树木和草地可以模拟真实植物的动作，如随风摆动，最终效果如图 8.33 所示。

图 8.33　应用地形系统绘制的自然环境

8.7　天　空　盒

在 8.6 节的例 8.3 中，利用 Unity 3D 的地形资源包完成了一个漂亮的地面，包括树木和草地，但完整的场景还缺少天空。在 Unity 3D 中，可以使用 Skybox（天空盒）技术来实现天空的效果。在 Unity5 以后的版本，Skybox 资源包不作为标准的资源包自动安装，需要用户通过外部导入。导入的 Skybox 资源包可以是利用建模软件开发的资源，也可以是在 Unity 3D 资源商店中共享的资源。本节以导入 Unity 3D 商店中共享的资源包为例完善 8.6 节例 8.3 的天空部分。

【例 8.4】Unity 3D Skybox 资源包的应用。

1）例 8.4 是在 8.6 节的基础上进行完善。在 Unity 3D 的资源商店中导入合适的 Skybox 资源包，在 Unity 3D 资源商店导入模型的方法会在后面的章节详细介绍，本例中选择的是 Sky5X One 资源包，如图 8.34 所示。

2）导入模型包后，在"Scene"面板中选择"Main Camera"对象，在菜单栏选择"Component"→"Rendering"→"Skybox"命令，为其添加 Skybox 组件，将"Clear Flags"

设为 Skybox，在"Custom Skybox"中选择 sky5X3 天空模型，如图 8.35 所示。

3）在菜单栏选择"Window"→"Lighting"命令，打开"Lighting"面板，为场景添加"Skybox"组件，在"Skybox"中选择 sky5X3 天空模型，如图 8.36 所示。

图 8.34　资源商店中的 Sky5X One 资源包

图 8.35　添加 Skybox 组件

图 8.36　设置"Lighting"面板

至此，制作完成了 Skybox，最终效果如图 8.37 所示。

图 8.37　加入天空效果

8.8　物 理 引 擎

Unity 3D 内部集成了 NVIDIA PhysX 物理引擎，可以用来模拟刚体运动、布料等物理效果，如可以在第一人称射击（first-person shooting，FPS）游戏中使用刚体碰撞模拟角色与场景之间的碰撞，使角色不能够从墙中穿过去等。此外，物理功能还包括射线、触发器等，都非常有用。Unity 的物理模拟还可以分层，指定只有某些层中的物体才会发生特定物理效果等。

本节将在一个斜坡上放置带有物理属性的球体，受重力影响，它们将沿着坡路翻滚下去，并彼此产生碰撞。

【例 8.5】物理引擎的应用。

1）在场景中创建地面和球体，地面设置一定倾斜角度，有利于观察球体滚落效果，如图 8.38 所示。

2）选择地面对象，在"Inspector"面板中设置"Mesh Collider"（网格碰撞器），即对象的碰撞属性，取消勾选"Convex"复选框，如图 8.39 所示。

图 8.38　场景中的地面

图 8.39　"Mesh Collider" 属性

　　3）选择球体对象，在 "Inspector" 面板中设置 "Sphere Collider" 属性，即球体的碰撞属性，如图 8.40 所示。

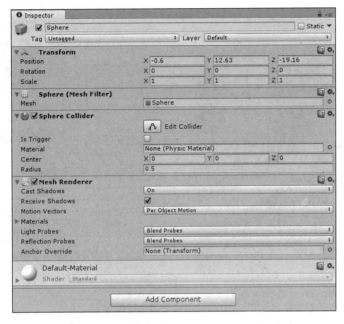

图 8.40 "Sphere Collider"属性设置

4）在球体的"Inspector"面板中单击"Add Component"按钮，在输入框中输入"Rigidbody"，为球体添加一个刚体组件，默认"Use Gravity"为勾选状态，表示受重力影响，如图 8.41 所示。

图 8.41 刚体组件设置

5）在"Hierarchy"面板中选择球体对象，按 Ctrl＋D 组合键复制多个球体，并将它们摆放到不同位置，以便更好地观察物理效果，如图 8.42 所示。

6）运行程序，这些球体对象将掉落到地面上向下翻滚，彼此间可能还会产生碰撞，如图 8.43 所示。

在例 8.5 中实现了多个球体在斜坡上滚落碰撞的效果，通过观察可发现，球体下落或碰撞时不具备弹性。在实际开发中，尤其在医学虚拟现实系统中，多数对象的表面是有弹性的，如皮肤、某些医疗器械等。本节例 8.6 将在例 8.5 的基础上为球体添加反弹属性，使球体在滚落和碰撞的过程中具有反弹效果。

【例 8.6】设置"对象反弹"属性。

图 8.42　设置物理材质

图 8.43　运行效果（一）

1）在"Project"面板中右击，在弹出的快捷菜单中选择"Create"→"Physic Material"命令创建物理材质，如图 8.44 所示。

2）选择创建的物理材质，在"Inspector"面板中设置"Bounciness"（反弹）属性，其属性值在 0~1 范围内，数值越大，弹力越大，本例中设置"Bounciness"值为 0.8，"Bounce Combine"（反弹合并）为"Maximum"，如图 8.45 所示。

图 8.44　创建物理材质

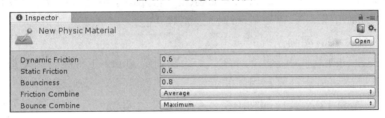

图 8.45　设置反弹属性

3）将"Project"面板中的物理材质文件拖到"Hierarchy"面板中需设置反弹属性的球体对象上，或者选择需设置反弹属性球体，在"Inspector"面板的"Sphere Collider"组件中，单击"Material"右侧的圆按钮选择刚创建的物理材质文件，为小球添加反弹属性，如图 8.46 所示。

图 8.46　为小球对象添加反弹属性

4）运行程序，观察球体在滚落和碰撞过程中的反弹效果，如图 8.47 所示。

图 8.47　运行效果（二）

8.9　动画系统

Unity 3D 引入了全新的 Mecanim 动画系统，它提供了更强大的功能，使用名为状态机的系统控制动画逻辑，更容易实现动画过渡等功能。

【例 8.7】Mecanim 动画系统的应用。

1）将从 3D 动画软件中导出的 FBX 文件复制到 Unity 工程中。一个模型可以拥有多个动画，模型与动画一定要有相同的骨骼层级关系。

2）默认导入的 FBX 文件的动画格式会自动设为 Generic。如果需要使用 Mecanim 提供的 IK 或动画 retargeting 等功能，还需要将动画类型设为 Humanoid，这是专门针对人类两足动作的一种动画系统，Mecanim 提供的大部分高级功能均只针对这种动画类型，如图 8.48 所示。

3）当将带有动画的 FBX 文件导入 Unity 工程后，如果需要循环播放该动画，勾选"Loop Time"复选框即可使其成为一个循环播放的动画，如图 8.49 所示。

4）当动画导入后，在"Project"面板展开动画文件层级，选择动画，在"Preview"面板预览动画，如图 8.50 所示。如果动画文件本身没有模型，将模型文件拖放到预览窗口即可。

5）在"Project"面板右击，在弹出的快捷菜单中选择"Create"→"Animator Controller"命令，创建一个动画控制器（如果选择的是 Legacy 动画模式，则不需要创建 Animator Controller）。

6）将包含绑定信息的模型制作成一个 Prefab（预制体），在"Animator"组件的

"Controller"中为其指定动画控制器，如果需要使用脚本控制模型位置，取消勾选"Apply Root Motion"复选框，如图 8.51 所示。

图 8.48　设置动画类型

图 8.49　设置动画循环

图 8.50　预览动画

图 8.51　设置动画控制器

7）确定动画控制器处于选择状态，在菜单栏选择"Window"→"Animator"命令，打开"Animator"面板。

8）如果需要分层动画，如角色的上半身和下半身分别播放不同的动作，选择左上方"Layers"选项上的"＋"号添加动画层。

9）将与当前模型相关的动画拖入"Animator"面板（注意这是与不同的动画层对应的）。

10）在"Animator"面板右击，在弹出的快捷菜单中选择"Set As Default"命令，使选中的动画成为默认初始动画。

11）分别选择不同的动画，右击，在弹出的快捷菜单中选择"Make Transition"命令，使动画之间产生过渡，由哪个动画过渡到哪个动画取决于游戏的逻辑需求，如图8.52所示。

图8.52　设置动画过渡

现在播放动画，动画会自动从默认动画一直播放到设置的最后一个动画，但游戏中的动画播放往往是由逻辑或操作控制的，如单击鼠标即播放某个动画。默认的动画过渡是使用时间进行控制的，也可以按条件过渡动画，并使用代码控制。

图8.53　设置动画过渡条件

12）在"Animator"面板有一个"Parameters"选项，选择"＋"号即可创建 Vector、Float、Int 和 bool 类型的数值，每个数值还有一个名称。例如，希望从一个名为 idle 的动画过渡到另一个名为 run 的动画，则可以创建一个 bool 类型的值，命名为"idle"，它默认的状态是 false。

13）选择 idle 动画到 run 动画之间的过渡线，在"Conditions"选项中将默认的 Exit Time 改为 run，如图8.53所示。

14）在控制动画播放的代码中，首先要获得 Animator 组件，然后通过 SetBool( )将"run"的值设为 true，即从 idle 动画过渡到 run 动画，示例代码如下：

```
Animator m_ani;
    void Start () {
    // 获得动画组件
    m_ani = this.GetComponent<Animator>();}
```

```
        void Update () {
    // 获取当前动画状态
        AnimatorStateInfo stateInfo= m_ani.GetCurrentAnimatorState
Info(0);
        // 如果状态处于 idle
        if (stateInfo.nameHash == Animator.StringToHash("Base Layer.
idle")){
        // 如果按鼠标左键,播放 run 动画
         if (Input.GetMouseButtonUp(0)){
        m_ani.SetBool("run", true);}}
            else
            m_ani.SetBool("idle", false);}
```

Unity 还提供了一个 Animator Override Controller（动画覆盖控制器），它可以继承其他动画控制器的设置但使用不同的动画，这样可以不用重新设置动画的逻辑关系。

8.10 在 Unity 3D 中实现智能机器人

在虚拟现实场景中经常需要实现智能机器人功能，如在虚拟现实场景中模拟人和动物的行为、人体器官内某些细胞的运动等。Unity 3D 通过编写脚本可以实现特定对象的自动巡航、定向巡航、发现目标及追踪目标等功能，从而可以模拟人、动物或其他对象行为，即实现智能机器人功能。本节例 8.8 通过编写脚本实现简单的智能机器人逻辑，包括智能机器人沿立方体节点构造的路线进行定向巡航，以及当指定目标进入侦测范围时，智能机器人能够发现并追踪目标。

【例 8.8】智能机器人的定向巡航及智能追踪。

1）在场景中创建平面和立方体，立方体将作为构造智能机器人巡航路线的节点，调整照相机和立方体位置，如图 8.54 所示。

2）为立方体添加脚本 "WayPoint"，将立方体设置为定向巡航路线的节点，示例代码如下：

```
using UnityEngine;
using System.Collections;
public class WayPoint : MonoBehaviour {
  public WayPoint nextWayPoint;        //定义巡航路线节点
  void OnDrawGizmosSelected() {
    Gizmos.color = Color.green;        //定义路线颜色
```

```
    Gizmos.DrawLine(transform.position, next WayPoint.gameObject.
transform.position);
        //绘制巡航路线
    }}
```

图 8.54　创建场景

3）为每个立方体添加"WayPoint"脚本后，依次设置立方体"Inspector"属性中"WayPoint"脚本的"Next WayPoint"值，使立方体节点依次连接，构成定向巡航路线，如图 8.55 所示。

图 8.55　设置定向巡航路线

4）创建机器人对象（本例中为小球），为机器人对象添加脚本"AI"，实现定向巡航及智能追踪功能，示例代码如下：

```
using UnityEngine;
using System.Collections;
public class AI : MonoBehaviour {
    [SerializeField]                              //保护封装性
    private float speed = 3f;                     //定义机器人巡航速度
    [SerializeField]
    private WayPoint targetPoint, startPoint;   //定义机器人巡航起点和终点
    [SerializeField]
    private Hero mage;                            //定义追踪目标
    // Use this for initialization
    void Start () {                               //设置机器人巡航路线逻辑
if (Vector3.Distance(transform.position, startPoint.transform.
position) < 1e-2f) {
        targetPoint = startPoint.nextWayPoint;
        } else {  targetPoint = startPoint;  }
        StartCoroutine(AINavMesh());  }
    IEnumerator AINavMesh() {                     //设置追击逻辑
        while(true) {
if (Vector3.Distance(transform.position, targetPoint.transform.
position) < 1e-2f) {
        targetPoint = targetPoint.nextWayPoint;
        yield return new WaitForSeconds(2f);  }
if (mage != null && Vector3.Distance(transform.position, mage.game
Object.transform.position) <= 6f) {
            Debug.Log("侦测到目标,开始追踪!");
            yield return StartCoroutine(AIFollowHero());
        }                        //当目标在追踪范围内时,发现目标,追踪目标
        Vector3 dir = targetPoint.transform.position - transform.
position;
            transform.Translate(dir.normalized * Time.deltaTime * speed);
            yield return new WaitForEndOfFrame();
    }  }
    IEnumerator AIFollowHero() {
        while (true) {
if (mage != null && Vector3.Distance(transform.position, mage.game
Object.transform.position) > 6f) {
            Debug.Log("目标已走远,放弃追踪!");
```

```
        yield break;
    } //当目标超出追踪范围时,放弃追踪,继续巡航
    Vector3 dir = mage.transform.position - transform.position;
    transform.Translate(dir.normalized * Time.deltaTime *
speed * 0.8f);
        yield return new WaitForEndOfFrame();
    } } }
```

5)添加脚本后,在机器人对象"Inspector"面板中的"AI"脚本里,分别设置智能机器人的"Speed"(巡航速度)、"Target Point"(目标巡航点)、"Start Point"(起始巡航点)及"Mage"(追踪目标)的值,如图 8.56 所示。

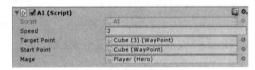

图 8.56　设置智能机器人属性

6)运行程序,机器人按照立方体节点构造路线进行定向巡航,如图 8.57 所示。

图 8.57　机器人进行定向巡航

7)添加另一个小球对象作为目标对象,为该对象添加"Hero"脚本,"Hero"脚本不用添加新代码,在本例中起到标记作用,使机器人能够识别该目标。运行程序,当目标不在机器人追踪范围内时,机器人进行定向巡航;当目标进入机器人追踪范围时,机器人能够发现目标并进行追踪;当目标超出机器人追踪范围时,机器人放弃追踪,继续按原路线进行定向巡航,如图 8.58 所示。

图 8.58　机器人定向巡航及智能追踪

8.11　外部资源应用

虽然游戏的逻辑需要靠代码实现，但如果没有画面和声音表现，游戏就不够丰富多彩。Unity 中的美术资源主要包括 3D 模型、动画和贴图，同时也支持 Wave、MP3、Ogg 等音效格式，导入这些资源的方式是一样的，只要将它们复制、粘贴到 Unity 工程路径内即可，开发者可以自定义路径结构管理资源，就像在 Windows 资源管理器上操作一样。此外，还可以通过 Unity 3D 的资源商店导入其他开发者上传到共享平台上的模型及项目等。

Unity 支持多种 3D 模型文件格式，如 3ds Max、Maya 等。大部分情况，可以将 3D 模型从 3D 软件中导出为 FBX 格式，并导入 Unity 中使用。

并不是所有导入 Unity 工程中的资源都会被使用到游戏中，这些资源一定要与关卡文件相关才会被加载到游戏中。除此之外，还有两种方式可以动态地加载资源到游戏中：一种是将资源制作为 AssetBundles 上传到服务器，动态地下载到游戏中；另一种是将资源复制到 Unity 工程中名称为 Resources 的文件夹内，无论是否真的在游戏中使用了它们，这些文件都会被打包到游戏中，然后可以通过资源的名称，动态地读取资源，这种方式更近似于传统的 I/O 读取方式。

在 Unity 中还可以创建一种称为 Prefab 的文件，可以将它理解为一种配置。开发者可以将模型、动画、脚本、物理等各种资源整合到一起，做成一个 Prefab 文件，随时可以重新运用到游戏中的各个部分。

8.11.1　贴图的导入

无论是 2D 游戏还是 3D 游戏，都需要使用大量的图片资源。Unity 支持 PSD、TIFF、JPEG、TGA、PNG、GIF、BMP、IFF、PICT 格式的图片。在大部分情况下，推荐使用 PNG 格式的图片，相比其他格式图片，它的容量更小且有不错的品质。

对于作为模型材质使用的图片，其大小必须是 2 的 N 次方，如 16 像素×16 像素、32 像素×32 像素、128 像素×128 像素等，通常会将其"Texture Type"设为默认的 Texture 类型，将"Format"设为 Compressed 模式进行压缩。在不同平台，压缩的方式可能是不同的，可以通过 Unity 提供的预览功能查看压缩模式和图片压缩后的大小，如图 8.59 所示。

图 8.59　材质类型设置

如果图片将作为 UI 使用，需要将"Texture Type"设为 GUI。值得注意的是 Format 的设置，如果使用的图片大小恰好是 2 的 N 次方，虽然也可以将其设为 Compressed 模式进行压缩，但画面质量可能会受到影响。

对于那些大小非 2 的 N 次方的图片，即使将其设为 Compressed，在手机平台也不会得到任何压缩。在这种情况下，可将其设为 16bit 试试，如果图像在 16bit 模式下显得很糟糕，那只能将 Format 设为 32bit，但图片容量会变得很大。

8.11.2　3ds Max 静态模型的导入

3ds Max 是最流行的 3D 建模、动画软件，可以使用它来完成 Unity 游戏中的模型或动画，最后将模型或动画导出为 FBX 格式，并导入 Unity 中使用。

【例 8.9】3ds Max 静态模型的制作和导出。

1）在 3ds Max 菜单栏选择"自定义"→"单位设置"命令，在弹出的"单位设置"对话框中将单位设为毫米，如图 8.60 所示。

2）单击"系统单位设置"按钮，弹出"系统单位设置"对话框，将"1 Unit"设为 1 毫米，如图 8.61 所示。

图 8.60　设置 3ds Max 单位（一）　　　　图 8.61　设置 3ds Max 单位（二）

3）完成模型、贴图的制作，确定模型的正面面向 Front 视窗。

4）如果没有特别需要，通常将模型的底边中心对齐到世界坐标原点（0，0，0）的位置。方法是确定模型处于选择状态，在"层次"面板中单击"仅影响轴"按钮，将模型轴心点对齐到世界坐标原点（0，0，0）的位置。

5）在"实用程序"面板选择重置 XForm，将模型坐标信息初始化。

6）在 Modify "修改"面板右击，在弹出的快捷菜单中选择"全部塌陷"命令，将模型修改信息全部塌陷。

7）按 M 键打开材质编辑器，确定材质名与贴图名一致。

8）选中要导出的模型，在菜单栏选择"文件"→"导出"命令，选择 FBX 格式，弹出"FBX 导出"对话框，可保持大部分默认选项，只需将"场景单位转化为"设为厘米，将"向上轴"设为 Y 轴，单击"确定"按钮将模型导出，如图 8.62 所示。

9）将导出的模型和贴图复制、粘贴到 Unity 工程路径 Assets 文件夹内的某个位置即可导入 Unity 工程中。导入后原来在建模软件中的贴图与模型的关联会丢失，在 Unity 3D 中，需要将模型与贴图重新进行关联，关联时只需将贴图文件拖到模型上即可。

图 8.62　导出设置

8.11.3　3ds Max 动画的导入

动画模型是指那些绑定了骨骼并可以动画的模型，其模型和动画通常需要分别导出，动画模型的创建流程可以先参考例 8.9 的步骤 1）～步骤 6），然后还需要做如下操作。

【例 8.10】3ds Max 动态模型的制作和导出。

1）将材质绑定到模型。

2）创建一个辅助物体（如点物体）放到场景中的任意位置，以使导出的模型和动画的层级结构一致。

3）选择模型（仅导出动画时不需要选择模型）、骨骼和辅助物体，在菜单栏选择"文件"→"导出"命令，选择 FBX 格式，弹出"FBX 导出"对话框，勾选"动画"复选框才能导出绑定动画信息。其他设置与导出静态模型基本相同。

模型文件可以与动画文件分开导出，但模型文件中的骨骼与层级关系一定要与动画文件一致。仅导出动画的时候，不需要选择模型，只需要选择骨骼和辅助物体导出即可。

动画文件的命名需要按"模型名@动画名"格式命名，如模型命名为 Player，则动画文件可命名为 Player@idle、Player@walk 等。

8.11.4　资源商店中模型的导入

Unity 3D 的资源平台提供了丰富的模型资源和项目资源，包括 3D 模型、动作、声音、项目等。这些资源有收费的，也有免费的，用户可以通过 Unity 3D 中的资源商店下载并导入这些资源。

【例 8.11】Unity 3D 资源商店中模型的导入。

1）在菜单栏选择"Window"→"Asset Store"命令，打开资源商店窗口，如图 8.63 所示。

图 8.63　资源商店窗口

2）在资源商店中选择"3D 模型"→"角色"分类，并将价格设置为免费，如图 8.64 所示。

3）在列表中选择一个模型，进入模型详细界面，如图 8.65 所示，可以下载并导入该模型。

4）单击"Import"按钮后，在"Project"面板中可以看到导入的资源文件夹，在文件夹中找到该模型，将其拖入场景中，如图 8.66 所示。

图 8.64　资源商店中的 3D 模型

图 8.65　导入模型

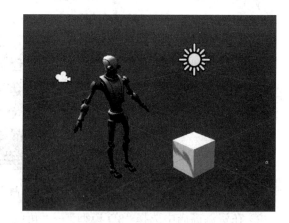

图 8.66　模型导入后效果

本 章 小 结

本章介绍了当前主流的三维开发工具 Unity 3D 和虚幻游戏引擎 4,并以 Unity 3D 为例，首先介绍了如何安装和激活 Unity，并讲解了"Hello Cube"程序；之后逐步介绍了各个模块的基本使用方法，通过实例讲解了光照系统、地形和天空盒及物理引擎；然后通过实例实现了简单的智能机器人逻辑；最后介绍了在 3D 建模软件导出模型、动画到 Unity 的流程和规范。本章主要是以实例的方式讲解 Unity 3D 技术及其在智能医学方面的应用，学生通过学习并实践实例内容可以对本章介绍的知识有所了解和运用，进而达到举一反三的目的。

【注释】

1．Director：美国 Adobe 公司开发的一款软件，主要用于多媒体项目的集成开发，广泛应用于多媒体光盘、教学、汇报课件、触摸屏软件、网络电影、网络交互式多媒体查询系统、企业多媒体形象展示、游戏和屏幕保护等的开发制作。

2．Torque Game Builder：Torque 是支持必应（Bing）的语音助理应用名。2014 年 10 月微软公司发布，在任何时候这个应用都可在 Android 手机上激活。

3．C#：微软公司发布的一种面向对象的、运行于.NET Framework 之上的高级程序设计语言。C#与 Java 有着惊人的相似之处：它包括了如单一继承、接口、与 Java 几乎同样的语法和编译成中间代码再运行的过程。但是 C#与 Java 有着明显的不同，它借鉴了 Delphi 的一个特点，与 COM（组件对象模型）是直接集成的，而且它是微软公司 .NET Windows 网络框架的主角。

4．JavaScript：一种直译式脚本语言，是一种动态类型、弱类型、基于原型的语言，内置支持类型。它的解释器被称为 JavaScript 引擎，为浏览器的一部分，广泛用于客户端的脚本语言，最早是在 HTML 网页上使用的，用来给 HTML 网页增加动态功能。

第9章　增强现实概述

导学

内容与要求

本章主要介绍增强现实技术的发展概况和核心技术，并阐述移动增强现实技术的相关知识和增强现实的开发工具，最后介绍增强现实技术的应用领域及未来发展趋势。目的是帮助读者初步理解增强现实技术的整体概念，建立一个完整的知识体系。

1. 增强现实技术概述中要求掌握增强现实的定义及增强现实技术的特征，了解增强现实技术的国内外发展状况，掌握增强现实系统的基本结构，了解增强现实与虚拟现实的联系与区别。

2. 增强现实系统的核心技术要求掌握显示技术、三维注册技术、标定技术和人机交互技术的概念及原理。

3. 移动增强现实技术中要求掌握移动增强现实技术的定义及其特征，以及移动增强现实系统的发展现状，了解移动增强现实技术的系统架构、应用领域和发展。

4. 增强现实技术的开发工具要求了解增强现实常用的软件开发包 Vuforia。

5. 增强现实技术的主要应用领域要求了解增强现实技术在各个领域的具体应用。

6. 增强现实技术的发展要求了解增强现实技术发展的阻碍因素及其发展趋势。

重点与难点

本章重点是掌握增强现实技术的基本概念、核心技术及移动增强现实技术的概念，难点是理解增强现实系统的核心技术和增强现实技术的开发工具。

增强现实技术是在虚拟现实技术基础上发展起来的一个研究领域。早在 20 世纪 60 年代，就已经有学者提出了增强现实的基本形式，如今只是将构思变成了现实。增强现实技术利用计算机产生的附加信息来对用户看到的现实世界进行增强，它不会将用户与周围环境隔离开，而是将计算机生成的虚拟信息叠加到真实场景中，从而实现对现实的增强，用户看到的是虚拟物体和真实世界的共存。增强现实技术和现代医学的飞速发展及两者之间的融合，使增强现实技术开始对生物医学领域产生重大影响。

9.1　增强现实的基本知识

增强现实是人机交互发展的一个全新方向。它是将虚拟和现实结合的体现，具有实时交互和三维注册的特性。

9.1.1　增强现实的定义

增强现实（augmented reality，AR）实时地计算摄影机影像的位置及角度并加上相应图像。增强现实技术的目的是在屏幕上把虚拟世界合成到现实世界并进行互动。简单讲，增强现实技术是指把计算机产生的图形、文字等信息叠加在真实世界中，用户可以通过叠加后的虚拟信息更好地理解真实世界，即增强现实引入了真实图像，因此从严格意义上讲它不同于虚拟现实。

增强现实技术的特征主要有以下 3 个方面。

1．虚实结合

增强现实技术是在现实环境中加入虚拟对象，可以把计算机产生的虚拟对象与用户所处的真实环境完全融合，从而实现对现实世界的增强，使用户体验到虚拟和现实融合带来的视觉冲击。其目标就是使用户感受到虚拟物体呈现的时空与真实世界是一致的，做到虚中有实，实中有虚。

"虚实结合"中的"虚"，指用于增强的信息。它可以是在融合后的场景中与真实环境共存的虚拟对象，如图 9.1 所示，观察者可以看到虚拟重构出的人体结构，还可以看到真实环境的场景信息。除了具体的虚拟对象外，增强的信息也可以是真实物体的非几何信息，如标注信息、提示等。借助增强现实技术可以在真实环境中获得天气信息、时间，以及距离各个建筑物的远近等信息，如图 9.2 所示。

图 9.1　增强现实实现人体结构的虚拟重构

图 9.2　增强现实在真实场景中叠加辅助信息

2. 实时交互

实时交互是指实现用户与真实世界中的虚拟信息间的自然交互。用户可以使用手部动作与手势控制 3D 模型移动、旋转，以及通过语音、眼动、体感等更多的方式来与虚拟对象交互。

增强现实中的虚拟元素可以通过计算机的控制，实现与真实场景的互动融合。虚拟对象可以随着真实场景的物理属性变化而变化，增强的信息不是独立出来的，而是与用户当前的状态融为一体的。也就是说，不管用户身处何地，增强现实都能够迅速识别现实世界的事物，在设备中进行合成，并通过传感技术将可视化的信息反馈给用户。

实时交互要求用户能在真实环境中与"增强信息"进行互动。众所周知，心脏解剖结构复杂，涉及心肌组织、血管和传导通路等多方面，必须对其全面掌握才能了解心脏先天发育异常、冠脉血管堵塞等多种疾病的病因。传统的二维图像解剖断面及模型教学方法存在各种不足，借助增强现实技术，可以在模拟操练过程中，通过增强现实系统产生的虚拟信息辅助医生和学生更好地判断病情，并做出合理的决策，如图 9.3 所示。

图 9.3　增强现实系统辅助医生做心脏手术

3. 三维注册

注册技术是增强现实系统关键的技术之一，三维注册是指将计算机生成的虚拟物体信息合理地叠加到真实环境中，以保证用户可以得到精确的增强信息。

简单来说，三维注册就是定位计算机生成的虚拟物体在真实环境中呈现的位置和方向，相当于虚拟现实系统中跟踪器的作用，主要强调虚拟物体和现实环境一一对应，维持正确的定位和对准关系。计算机首先得到用户在真实三维空间中的位置信息，然后根据得到的信息实时创建和调整虚拟信息所要呈现出来的位置，当用户位置发生变化时，计算机也要实时获取变化后的位置信息，再次计算出虚拟信息应该呈现的正确位置。

2017 年，广东某高等院校已将增强现实技术应用于解剖课程，学生或教师借助平板计算机中增强现实程序扫描人体骨架，可以在移动端看到与之对应的肌肉信息，如图 9.4

所示。三维注册就是将计算机产生的虚拟的肌肉组织正确地定位在真实环境中人体骨架附近区域。

图 9.4　增强现实技术应用于解剖课程

在更深层次上，增强现实技术创建了一种新的信息呈现范式，这将深刻影响互联网数据构建、管理和呈现的方式。尽管网络改变了信息收集、传输和获取的方式，但目前数据储存和呈现的方式依然在 2D 屏幕上，因此仍有不少局限。它要求人们先在脑海中翻译 2D 信息，然后才能应用到 3D 世界中。如果可以将数据信息投射到真实的物体和环境中，人们就能通过增强现实技术同时处理数字和物理信息，无须再对两种信息进行相互转换。这会大大提升人们吸收信息、决策和执行的速度和效率。

可以从以下 6 个层面更好地解释增强现实技术的概念。

1）情感分析。扫描一个或是一群人，然后运行一个 APP 来分析他们的身体语言、微表情、语言及行为，之后获得实时反馈，知晓这个人或是这群人当前的感觉、反应，从而根据他们的反应做出相应的调整。

2）面部识别。扫描一个人的面部，再与已存在的身份数据库比对，从而识别出这个人的姓名及各种信息。

3）目标识别。使用计算机视觉来探测并确认目标物体，然后追踪它的物理位置。这也包括了分析增强现实用户当前位置与目标物体的距离。

4）信息增益与显示。一旦一个物体或是人物被识别，系统就将自动搜索其相关信息并展示在增强现实用户的面前。

5）从移动手机转移到增强现实头盔显示器。增强现实能够将用户的注意力从手机移动到头盔显示器。未来，所有能够用手机及其他任何显示设备做到的事都将能够用增强现实做到。

6）处理、传感及扫描。增强现实设备将包含它们自己的生产装置。在初期，它们会很大、笨重，并且会以头盔显示器的形式出现。但将来它们势必会往更小更轻便的方向发展。它们也将能够追踪用户的动作及位置，从而快速地对佩戴者及当前环境进行 3D 扫描。

9.1.2 国内外发展状况

1. 国外发展状况

1962 年，电影摄影师 Morton Heilig 设计了一种被称为 Sensorama 的摩托车仿真器，成为最早的具有沉浸感并集视觉、听觉等多种传感技术于一体的技术。

1968 年，计算机图形学之父 Ivan Sutcherland 建立了最早的增强现实系统模型。

20 世纪 80 年代，美国的阿姆斯特朗实验室、NASA Ames 研究中心、北卡罗来纳大学等都投入了大量的研究人员进行增强现实技术的研究。

20 世纪 90 年代，美国波音公司开发出了试验性的增强现实系统，该系统主要为工人组装线路时提供技术辅助。

1998 年，增强现实第一次用于直播。在实况橄榄球直播中，首次实现了"第一次进攻"黄色线在电视屏幕上的可视化。如今，当我们每次看游泳比赛时，每个泳道会显示选手的名字、国旗及排名，这也是应用了增强现实技术。

1999 年，第一个增强现实开源框架 ARToolKit 问世。它是由奈良先端科学技术学院的加藤弘一教授和 Mark Billinghurst 共同开发的。直到今天，ARToolKit 依然是最流行的增强现实开源框架，支持大多数主流平台。

2005 年，ARToolKit 与 SDK 相结合，可以为早期的塞班智能手机提供服务。开发者通过 SDK 启用 ARToolKit 的视频跟踪功能，可以实时计算出手机摄像头与真实环境中特定标志之间的相对方位。这种技术被看成增强现实技术的一场革命，目前在 Android 及 iOS 设备中，ARToolKit 仍有应用。

2009 年，平面媒体杂志首次应用增强现实技术。

2012 年，谷歌 AR 眼镜的出现表示这种增强现实的头戴式现实设备将智能手机的信息投射到用户眼前，通过该设备也可直接进行通信。当然，谷歌 AR 眼镜远没有成为增强现实技术的变革，但其引起了公众对增强现实的兴趣。

2014 年 4 月 15 日， Google Glass 正式开放网上订购。

2015 年，由任天堂公司、Pokémon 公司授权，Niantic 负责开发和运营的一款增强现实手游《Pokémon GO》问世。在这款增强现实类的宠物养成对战游戏中，玩家捕捉现实世界中出现的宠物小精灵，进行培养、交换及战斗。

2017 年 6 月 6 日，苹果公司宣布在 iOS11 中带来了全新的增强现实组件 ARKit，该应用适用于 iPhone 和 iPad 平台，使 iPhone 一跃成为全球最大的增强现实平台。

目前，国外从事增强现实技术研究的高校有美国的麻省理工学院的图像导航外科手术室、哥伦比亚大学的图形和用户交互实验室、日本的混合现实实验室等。从事增强现实技术研究的企业有德国的西门子公司、美国的施乐公司、日本的索尼公司等。

2．国内发展现状

随着国外增强现实技术研究高潮的不断迭起，我国的许多高等院校和科研院所也逐渐加入增强现实技术研究队伍中。但总地来看，目前国内在增强现实方面的研究还处于起步阶段。

例如，北京理工大学自主研制了视频、光学穿透式两类头盔显示器，采用彩色标志点与无标志点对增强现实系统进行注册，研究了增强现实系统中的光照模型等问题。此外，圆明园数字重建项目在户外增强现实应用上也取得了较好的效果。浙江大学将增强现实技术应用于外科手术导航。北京大学开展了地理信息系统与增强现实技术结合的研究。华中科技大学对增强现实技术的注册原理进行了研究，开发了增强现实原型系统。武汉大学在室内实现了管网三维增强现实可视化，并对增强现实系统的户外应用进行了探讨。

9.1.3 增强现实系统的基本结构

增强现实系统的研究涉及多学科背景，包括计算机图形处理、人机交互、信息三维可视化、新型显示器、传感器设计、无线网络等。

一个完整的增强现实系统通常由虚拟图形渲染模块、摄像机跟踪定位模块、三维注册模块和显示模块 4 部分组成，如图 9.5 所示。这 4 部分构成了增强现实技术的整体，缺一不可。

图 9.5　增强现实系统基本功能结构

虚拟图形渲染模块为增强现实系统提供虚拟图形。通常会有专门负责虚拟图形生成的模块事先生成相关的虚拟图形，当真实场景发生变化时，再从该模块中调用与真实场景相匹配的虚拟图形进行显示。因此，虚拟图形渲染模块需要事先准备大量的虚拟图形，并且对周围环境有很好的了解。

摄像机跟踪定位是确定摄像机或头盔显示器等显示设备在真实环境中的经纬度信息与位置姿态信息，同时获取摄像机或头盔显示器等显示设备里的各种参数信息。目的是便于三维注册时更好地确定虚拟图形与真实场景的位置关系。显示设备跟踪定位是增强现实系统中非常重要的组成部分。

三维注册模块是增强现实系统中核心和关键的部分。该模块将虚拟图形映射到真实场景的合适位置，当显示设备在空间随意移动时，虚拟图形能够随之变换大小、形状和角度等。不论从哪一角度观察，虚拟图形和真实场景中的物体都必须保持几何空间的一致性。

显示模块用于将虚拟图形和真实场景在摄像机或头盔显示器等显示设备上进行显示。若要正确显示，必须知道世界坐标系、摄像机坐标系和图像坐标系之间的关系。此外，三维渲染技术的好坏也是一个直接决定是否能够给用户提供真实体验的重要因素。在增强现实系统中，显示模块所展示的内容是用户可以直观感受到的。

9.1.4　增强现实与虚拟现实的联系与区别

增强现实与虚拟现实两者联系非常密切，均涉及计算机视觉、图形学、图像处理、多传感器技术、显示技术、人机交互技术等领域。虚拟现实与增强现实有很多相似点，具体如下。

1．两者都需要计算机生成相应的虚拟信息

虚拟现实看到的场景和人物全是虚拟的，是把人的意识带入一个虚拟的世界，使其完全沉浸在虚构的数字环境中。增强现实看到的场景和人物一部分是虚拟的，一部分是真实的，是把虚拟的信息带入现实世界中。因此，两者都需要计算机生成相应的虚拟信息。

2．两者都需要用户使用显示设备

虚拟现实和增强现实都需要用户使用头盔显示器或者类似的显示设备，才能将计算机产生的虚拟信息呈现在眼前。

3．用户都需要与虚拟信息进行实时交互

不管是虚拟现实还是增强现实，用户都需要通过相应设备与计算机产生的虚拟信息进行实时交互。

尽管增强现实与虚拟现实具有不可分割的联系，但是两者之间的区别也显而易见，主要体现在以下 3 个方面。

（1）对于沉浸感的要求不同

虚拟现实系统强调用户在虚拟环境中的完全沉浸，强调将用户的感官与现实世界隔离，由此而沉浸在一个完全由计算机构建的虚拟环境中，通常采用的显示设备是虚拟现实沉浸式头盔显示器，如图 9.6（a）所示。

与虚拟现实系统不同，增强现实系统不仅不与现实环境隔离，而且强调用户在现实世界的存在性，致力于将计算机产生的虚拟环境与真实环境融为一体，从而增强用户对真实环境的理解，通常采用增强现实透视式头盔显示器，如图 9.6（b）所示。

（a）虚拟现实沉浸式头盔显示器　　　（b）增强现实透视式头盔显示器

图 9.6　虚拟现实沉浸式头盔显示器和增强现实透视式头盔显示器

（2）对于系统计算能力的要求不同

在虚拟现实系统中，要求使用计算机构建整个虚拟场景，并且用户需要与虚拟场景进行实时交互，系统的计算量非常大；而在增强现实系统中，只是对真实环境的增强，不需要构建整个虚拟场景，只需要对虚拟物体进行渲染处理，完成虚拟物体与真实环境的注册，对于真实场景无须太多处理，因此，大大降低了计算量和成本。

（3）侧重的应用领域不同

虚拟现实系统强调用户在虚拟环境中感官的完全沉浸。利用这一技术可以模仿许多高成本的、危险的真实环境。因此，主要应用在娱乐和艺术、虚拟教育、军事仿真训练、数据和模型的可视化、工程设计、城市规划等方面。

增强现实系统是利用附加信息增强用户对真实世界的感官认识。因此，应用侧重于娱乐、辅助教学与培训、军事侦察及作战指挥、医疗研究与解剖训练、精密仪器制造与维修、远程机器人控制等领域。

总之，增强现实相比虚拟现实，优势主要在于较低的硬件要求，无须依赖强大的计算设备。而虚拟现实的实现不仅仅需要较高硬件的设备支持，同时还依赖于人工智能、图像处理等各种技术。由于增强现实与虚拟现实的应用场景不同，所以未来两种技术都将有无限的市场潜力。

9.2　增强现实系统的核心技术

增强现实技术是将原本在真实世界中的实体信息，通过一些计算机技术叠加到真实世界中来被人类感官所感知，从而达到超越现实的感官体验。为了获得更好的感官体验，必须有各种技术的支持，增强现实系统的核心技术主要有显示技术、三维注册技术、标定技术、人机交互技术等。

9.2.1　显示技术

人类从周围环境获取的信息 80% 是从视觉中获取的，视觉是最直观的交互方式。因此，显示技术在增强现实系统的关键技术中占有非常重要的地位。增强现实的目的就是通过虚拟信息与真实场景的融合，使用户获得丰富的信息和感知体验。虚实融合后的效果要想逼真地展示出来，必须要有高效率的显示技术。目前，根据显示设备的不同，增强现实系统的显示技术分为头盔显示器显示技术、手持显示器显示技术、投影式显示技术 3 类。

1. 头盔显示器显示技术

增强现实中的头盔显示器是透视式的。透视式头盔显示器由 3 个部分组成，即真实环境显示通道、虚拟环境显示通道及图像融合显示通道。虚拟环境显示通道和沉浸式头盔显示器的显示原理是一样的，而图像融合显示通道主要与用户交互，它和周围世界的表现形式有关。增强现实中的头盔显示器与虚拟现实中的头盔显示器不同，虚拟现实中的头盔显示器将现实世界隔离，只能看到虚拟世界中的信息。增强现实中的头盔显示器将现实世界和虚拟信息两个通道的画面叠加后显示给用户。

透视式头盔显示器分两种：视频透视式头盔显示器和光学透视式头盔显示器。

视频透视式头盔显示器显示技术的实现原理如图 9.7（a）所示。首先将摄像机拍摄的真实世界的视频图像送入视频图像叠加器，并与场景生成器生成的虚拟图像相互叠加，从而实现虚实场景的融合，最后通过显示系统将虚实融合后的场景呈现给用户。视频透视式头盔显示器的实物图如图 9.7（b）所示。

在视频透视式头盔显示器中，摄像机与人眼的实际视点在物理上不可能完全一致，可能导致用户看到的视频景象与真实景象会存在偏差，因此，对于视频透视式头盔显示器来说，最大的难点在于摄像机与用户观察视点的匹配。如果不匹配，就会形成视觉效果与本体感觉的差异。尽管心理学研究表明，人对这种感觉差异能够很快适应，但其后所产生的效应也不容忽视。

（a）视频透视式头盔显示器的原理图

（b）视频透视式头盔显示器的实物图

图 9.7 视频透视式头盔显示器的原理图和实物图

光学透视式头盔显示器其显示原理如图 9.8（a）所示。通过在用户的眼前放置一块光学融合器完成虚实场景的融合，再将融合后的场景呈现给用户。光学融合器是部分透明的，用户透过它可以直接看到真实的环境；光学融合器又是部分反射的，用户可以从头上戴的监视器反射到融合器上产生虚拟的图像。利用光学融合器的反射原理，用户能够看到虚拟图形和真实场景相互融合后的画面，这个画面是没有经过图像处理的。光学透视式头盔显示器的实物图如图 9.8（b）所示。

（a）光学透视式头盔显示器的原理图

（b）光学透视式头盔显示器的实物图

图 9.8 光学透视式头盔显示器的原理图和实物图

光学透视式头盔显示器的缺点是虚拟融合的真实感较差，因为光学融合器既允许真实环境中的光线通过，又允许虚拟环境中的光线通过，这导致计算机生成的虚拟物体不能够完全遮挡住真实场景中的物体，使注册的虚拟物体呈现出半透明的状态，从而破坏了真实景象与虚拟场景融合的真实感。光学透视式头盔显示器也具有许多优点，如结构简单、价格低廉、安全性好及不需要视觉偏差补偿等。

头盔显示器能够呈现出很好的视觉体验，但是由于其佩戴在用户的头部，体积大、较笨重，长时间的佩戴会引起人头部的不适，所以必须由其他的设备来替代。

2. 手持式显示器显示技术

与头盔显示器不同，手持式显示器是一种平面 LCD 显示器。它的最大特点是易于携带。其应用不需要额外的设备和应用程序，因此被社会广泛接受，经常用于广告、教育和培训等方面。

目前，智能手机、PDA 等移动设备为增强现实的发展提供了良好的开发平台。这些智能终端具有内置摄像头、内置 GPS 和内置传感器，同时具有较高清晰度和较大的显示屏，体积小，携带方便，普及性很高。虽然手持式显示器克服了头盔显示器的缺点，避免了用户佩戴头盔带来的不适感，但是它的沉浸感有待提高。

增强现实在手持设备中的应用主要分为两种：一种是与定位服务相关，如 Layar Reality Browser，全球第一款利用增强现实技术实现的手机浏览器。当用户将其对准某个方向时，软件会根据 GPS、电子罗盘的定位等信息，显示给用户环境的详细信息，并且还可以看到周边房屋出租、酒店及餐馆的折扣信息等。目前，该应用已在全球各地的 Android 手机上使用。典型的增强现实手机浏览器 Layar 如图 9.9 所示。另外一种主要是与各种识别技术相关，如 TAT Augmented ID 应用人脸识别技术来确认镜头前人的具体身份，然后通过互联网获得更多该人的信息。

图 9.9 增强现实手机浏览器 Layar

3. 投影式显示技术

投影式显示技术将由计算机生成的虚拟信息直接投影到真实场景上进行增强。基于投影显示器的增强现实系统可以借助于投影仪等硬件设备完成虚拟场景的融合，也可以采用图像折射原理，使用某些光学设备实现虚实场景的融合。这种技术适用于大学或图书馆，可以同时为一群人提供增强现实信息，能够将虚拟的数字信息显示在真实的环境之中。日本的中央大学研究出的 PARTNER 增强现实系统可以用于人员训练，并且使一个没有受过训练的试验人员通过系统的提示，成功拆卸了一台便携式投影仪（over head projector，OHP）。

9.2.2　三维注册技术

三维注册技术是决定增强现实系统性能优劣的关键技术。跟踪定位技术的优劣直接影响虚拟图像能否准确叠加到真实环境中。为了实现虚拟信息和真实环境的无缝结合，必须将虚拟信息显示在现实世界中的正确位置，这个定位过程就是注册。

三维注册的目的是使计算机摄像机的姿态与位置准确，使虚拟物体能够正确"放置"在真实场景中。三维注册技术通过跟踪摄像机的运动计算出用户的当前视线方向，根据这个方向确定虚拟物体的坐标系与真实环境的坐标系之间的关系，最终将虚拟物体正确叠加到真实环境中。因此，解决三维注册问题的关键就是要明确不同坐标系统之间的关系。涉及的几个坐标系统的概念描述如表 9.1 所示，增强现实系统中各坐标的关系如图 9.10 所示。

表 9.1　各坐标系描述

坐标系名称	坐标系描述
世界坐标系 （O_w-$X_wY_wZ_w$）	摄像机存在于真实世界中，因此需要使用一个基准坐标系来表示它和空间中的任意点在真实世界中的位置，这个坐标系称为世界坐标系（又称绝对坐标系）
图像坐标系（O_i-xy）	原点是光轴与成像平面的交点，X 轴和 Y 轴分别与 X_c、Y_c 重合
摄像机坐标系（O_c-$X_cY_cZ_c$）	原点位于光学中心，Z 轴与光轴重合

图 9.10　三维注册坐标系关系图

在目前的增强现实系统中，根据三维注册技术可以分为 3 类：基于硬件跟踪设备的注册技术、基于视觉跟踪的注册技术和基于混合跟踪的注册技术，如图 9.11 所示。

图 9.11　三维注册技术分类

1. 基于硬件跟踪设备的注册技术

早期的增强现实系统普遍采用惯性、超声波、无线电波、光学式等传感器对摄像机进行跟踪定位。这些技术在虚拟现实应用中已经得到了广泛的发展。

这类跟踪注册技术虽然速度较快，但是大多采用一些大型设备，价格昂贵，且容易受到周围环境的影响，如超声波式跟踪系统易受环境噪声、湿度等因素影响。因此，无法提供增强现实系统所需的精确性和轻便性。基于硬件跟踪设备的注册几乎不可能单独使用，通常与视觉注册方法结合起来实现稳定的跟踪。

2. 基于视觉跟踪的注册技术

在增强现实系统中，基于视觉跟踪的注册技术是在计算机视觉技术的基础上发展起来的，它通过计算机检测出摄像机拍摄的真实物体图像的特征点，并根据这些特征点确定所要添加的虚拟物体及虚拟物体在真实环境中的位置等信息。其目的是获取虚拟物体在真实场景中的位置，并实时地将这些位置信息输入显示模块，用以显示。

近年来在增强现实研究中，国际上普遍采用基于视觉跟踪的注册技术。基于视觉跟踪的注册技术主要分为基于人工标志点的注册技术和基于自然特征的视觉注册技术。

（1）基于人工标志点的注册技术

基于人工标志点的注册技术需要在真实场景中事先放置一个标志物作为识别标志。使用标志物的目的是能够快速地在复杂的真实场景中检测出标志物的存在，然后在标志物所在的空间上注册虚拟场景。

一般检测中使用的标志物非常简单，标志物可能是一个只有黑白两色的矩形方块，或者是一种具有特殊几何形状的人工标志物。标志物上的图案包含着不同的虚拟物体，不同的标志物所包含的信息也不相同，提取标志物的方法也不相同，所以应合理地选取人工标志物来提高识别结果的准确性。

当前已经有多个基于标志点进行跟踪注册的开发包，典型代表是由美国华盛顿大学与日本广岛城市大学联合开发的 ARToolkit，它是目前国外比较流行的一套基于标志点的增强现实系统开发工具。基于 ARToolkit 实现的牙齿增强现实模型效果，如图 9.12 所示。该系统的全部源代码都是开放的，可以方便地在各种平台编译配置，速度快、精度高、运行稳定。开发人员可以根据需要设计形象的标志。由于该方法对已知标志的依赖性很强，因此当标志被遮挡时就无法进行注册，这也是它的不足之处。

图 9.12　基于 ARToolkit 的牙齿增强现实模型

基于标志点识别的增强现实发展较为成熟，需要建立标志信息库，每种标志对应特定的相关信息，通常以底层的图像处理算法为基础来开发，包括阈值分割、角点检测、边缘检测、图像匹配等运算。图 9.13 为基于人工标志点的注册技术实现过程，主要包括以下。

1）采集视频流。用摄像机捕获视频，并传入计算机。

2）标志物检测。获取视频流并对其进行二值化处理，目的是将可能的标志物区域和背景区域分隔开，缩小标志的搜索范围。然后进行角点检测和连通区域分析，找出可能的标志物候选区域，便于下一步进行匹配。

3）模板匹配。将标志候选区域与事先保存好的标志模板进行匹配。

4）位姿计算。根据照相机参数、标志物空间位置与成像点的对应关系，通过数学运算计算出标志物相对于摄像机的位姿。

图9.13 基于人工标志点的注册技术实现过程

5）虚实融合。绘制虚拟物体，根据摄像机位姿将虚拟物体叠加到标志物的正确位置上，以实现增强效果并借助显示设备输出。

（2）基于自然特征的视觉注册技术

基于人工标志点的注册技术要求标志点出现在用户的视野内，不允许有遮挡，一旦出现遮挡，则可能导致跟踪注册失败，并且基于人工标志点的跟踪注册要求在场景中放置标志点，这在古遗址、古文物和大型建筑环境的应用中很难实现。

基于自然特征的视觉注册技术与基于人工标志点的注册技术的不同之处在于，该技术不需要人为指定标志点，而是采用场景或图像的自然特征，因此，该技术非常依赖于自然特征的高效识别与稳定跟踪。场景中存在着大量与真实场景有关的视觉信息，如点、线和纹理等，这些视觉信息被提取和识别后也能很好地解决跟踪注册问题。

基于自然特征的视觉注册技术避免了使用人工标志物所带来的局限性，给用户带来了更好的沉浸感，也是未来增强现实的主流发展趋势。

3．基于混合跟踪的注册技术

基于混合跟踪的注册技术是指在一个增强现实系统中采用两种或两种以上的跟踪注册技术，以此来实现各种跟踪注册技术的优势互补。综合利用各种跟踪注册技术，可以扬长避短，产生精度高、实时性强、稳健性强的跟踪注册技术。

3种注册方法从原理、优缺点上进行比较，如表9.2所示。

表 9.2　3 种注册技术的比较

注册技术	原理	优点	缺点
基于硬件跟踪设备的注册技术	根据信号发射源和感知器获取的数据求出物体的相对空间位置和方向	系统延迟小	设备昂贵，对外部传感器的校准较难，且受设备和移动空间的限制，系统安装不方便
基于视觉跟踪的注册技术	根据真实场景图像反求出观察者的运动轨迹，从而确定虚拟信息"对齐"的位置和方向	无须特殊硬件设备，注册精度高	计算复杂性高，造成系统延迟大；大多数采用非线性迭代，造成误差难控制、稳健性不强
基于混合跟踪的注册技术	根据硬件设备定位用户的头部运动位姿，同时借助视觉方法对配准结果进行误差补偿	算法稳健性强、定标精度高	系统成本高、系统安装烦琐、移植困难

9.2.3　标定技术

在增强现实系统中，虚拟物体和真实场景中的物体的对准必须十分精确。当用户观察的视角发生变化了，虚拟摄像机的参数也必须应该与真实摄像机的参数保持一致。同时，还要实时跟踪真实物体的位置和姿态等参数，对参数不断地进行更新。在虚拟对准的过程中，增强现实系统中的内部参数（如摄像机的相对位置和方向等参数）始终保持不变，因此需要提前对这些参数进行标定。

一般情况下，摄像机的参数需要进行实验与计算得到，这个过程称为摄像机定标。换句话说，标定技术就是确定摄像机的光学参数、集合参数、摄像机相对于世界坐标系的方位及与世界坐标系的坐标转换。

计算机视觉中的基本任务是摄像机获取真实场景中的图像信息，其原理是通过对三维空间中目标物体几何信息的计算，实现识别与重建。在增强现实系统中往往用三维虚拟模型作为模型信息与真实场景叠加融合，在三维视觉系统中，三维物体的位置、形状等信息是从摄像机获取的图像信息中得到的。摄像机标定所包含的内容涉及照相机、图像处理技术、照相机模型和标定方法等。

摄像机标定技术是计算机视觉应用系统中至关重要的一个环节。对于用作测量的计算机视觉应用系统，测量的精度取决于标定精度；对于三维识别与重建，标定精度则直接决定着三维重建的精度。

9.2.4　人机交互技术

人机交互技术是衡量增强现实系统性能优劣的重要指标之一。增强现实技术的目标之一是实现用户与真实场景中的虚拟信息之间更自然的交互。增强现实系统需要通过跟踪定位设备获取数据，以确定用户对虚拟信息发出的行为指令，对其进行解释，并给出相应反馈结果。目前增强现实应用系统常使用以下 3 种方式实现用户与系统之间的交互。

（1）基于传统硬件设备交互

键盘、鼠标、手柄等是增强现实系统中最早使用的交互模式，用户可以利用鼠标、键盘选中图像坐标系中的某一个点，如单击场景中某空间点加载虚拟物体，并对该点对应的虚拟物体做出旋转、拖动等操作。用户通过执行相应的命令或菜单项来实现交互。

（2）手势或语音交互

基于手势的交互方式是近年来人机交互发展的主流方向，在这种交互方式中，手势被当成了人机交互接口，以计算机捕捉到的各种手势、动作作为输入，这种交互方式更加直观、自然。例如，用户在虚拟试衣镜前面，可借助手势操作选择不同的衣服和搭配。Hololens 手势交互如图 9.14 所示。眼镜上的深度摄像头可以提取人手的三维坐标、手势来操作交互界面上显示的三维虚拟物体或者场景。苹果语音识别技术 Siri 的风靡及 Google Now 的流行，表明人们青睐这种高科技的交互体验，这也使基于语音交互的增强现实系统上线成为可能。

（3）其他交互技术

这种模式需要借助一些特别的工具，如标志、数据手套、定位笔等。例如，索尼公司出版的增强现实电子书 Magic Book 就是以特定的标志代替枯燥的文字，当用摄像头识别标志时，即渲染出生动的动画和声音，这无疑提高了儿童学习的积极性和收获。MIT 大学的 SixthSense 和微软公司 Omnitouch 开发了一类便携式投影互动触摸技术。这种技术将操作菜单等可交互操作的画面投影到某一个平面内。当拨打电话时，直接将键盘投影到左手，右手按上面的虚点就能完成拨号，非常方便，如图 9.15 所示。

图 9.14　HoloLens 手势交互

图 9.15　SixthSense 人机互动系统

9.3　移动增强现实技术概述

随着移动智能终端的发展，移动技术与增强现实技术逐步融合，由此出现的移动增强现实技术也开始引人注目。

9.3.1 移动增强现实技术

移动增强现实（mobil augemented reality，MAR）技术是在继承了增强现实的 3 大特点，即虚实结合、实时交互、三维注册的基础上，将增强现实技术应用于移动智能终端，从而具有较高的可移动性的一门技术。

wikitude 的 iPhone 应用［图 9.16（a）］可以让用户使用智能手机搜索附近的饭店、商场、地标等信息，用户也可以发表关于该景点的评价；Layar Reality Browser 与 wikitude 类似，当打开手机安装的 Layer 软件后，朝着某个方向开启摄像头，用户就可以看到出售的房屋，流行的酒吧、商店，该地区的旅游信息，杂志和广告海报等，这一切都犹如置身现场一般。图 9.16（b）中通过扫描海报信息便可以完成购票。

（a）wikitude 的应用　　　　　　　　（b）Layer Reality Browser 的应用

图 9.16　wikitude 和 Layer Reality Browser 的应用

以上两个应用都是通过手持设备的 GPS、电子罗盘的定位数据计算所在空间的位置及手机摄像头朝向，再通过无线网络获取相关信息，并将得到的信息叠加在真实的场景中，以达到虚实融合的效果。

移动增强现实技术以移动设备为硬件平台来实现增强现实的功能，旨在提高增强现实系统的可用性和灵活性。近年来随着硬件技术的发展，以智能手机为代表的移动终端设备性能不断提高，功能也越来越强大。目前，智能手机配备了性能强大的 CPU、摄像头、加速度传感器、GPS 和无线通信等硬件设备，具有便携和易操作的优点，成为移动增强现实理想的硬件平台。增强现实技术已经不再局限于计算机和工作站上应用，也越来越多地移植到移动终端上。

传统的增强现实系统与移动增强现实系统如图 9.17 所示。传统的增强现实系统，其应用受到硬件设备的限制，可移动性较差；制药公司借助增强现实技术实现更好的药物创意，在增强现实系统的帮助下，患者可以看到药物在身体里工作的 3D 影像，无须再阅读枯燥的说明书。

（a）传统的增强现实系统

（b）移动增强现实系统

图 9.17　传统的增强现实系统与移动增强现实系统

传统的增强现实系统在使用和操作上有许多缺点，如成本高、易损坏及难以维护等，对使用的环境要求相对严格，如果离开特点的地点，系统就无法正常的应用。而移动增强现实拓宽了增强现实系统的使用范围，具有可自由移动性，使用更加方便、灵活。移动增强现实技术结合常用的移动设备（如智能手机等）可以使用户很方便地获取各种信息。例如，游览毁坏的名胜古迹，只要用户携带的手机上安装了特定的增强现实 APP，将手机摄像头对准废墟，就可以在屏幕上看到虚拟的复原后的古迹全貌。

传统的增强现实与移动增强现实的特征如表 9.3 所示。

表 9.3　传统的增强现实与移动增强现实的特征对比

传统增强现实	移动增强现实
虚实结合	虚实结合
实时交互	实时交互
三维注册	三维注册
移动性差	自由、灵活
专业设备	普通移动终端
专业开发	网络 APP 下载
使用时间特定	随时使用
使用地点固定	随地使用

9.3.2　移动增强现实的发展现状

最早涉足移动增强现实技术的是哥伦比亚大学的 Steven Feiner，他在 1997 年开发了一个名为 Mobile Augmented Reality Systems 的系统，主要用于导航。2000～2003 年，增强现实的游戏开始出现，这些游戏能够让用户在真实环境中参与游戏的互动，典型的包括南澳大利亚大学 Wearable Computer Lab 开发的 ARQuake，该游戏将移动增强现实技术应用于计算机平台，用户可以在真实场景中参与游戏的竞技，以及 2003 年新加坡国立大学 Mixed Reality Lab 开发的 Humana Pacman，同样结合了增强现实技术来实现。

不过，以上的系统都是基于计算机的，而且还需要佩戴头盔显示器，系统有些笨重，不易于携带和推广。

目前现有的移动设备，特别是高端的智能手机已经具备了高性能的数据计算能力、图形处理能力和 3D 图像显示能力，同时其自身集成了 GPS 和传感器等硬件模块，成为增强现实技术应用普及的平台。2006 年诺基亚研究院的 Mobile Augmented Reality Applications 项目组开发的系统就是在配备了传感器和摄像机的 ISMAR06 手机上实现增强现实技术。2009 年，佐治亚理工学院的 Augmented Reality Applications Lab 也利用高性能手持设备基于其视觉开发了一款名为 ARhrm 的游戏。市场调查研究公司 Juniper ReseARch 在其报告中表示，对移动应用程序中的融合增强现实技术的日益重视将推动这类程序的下载量大增，如 2015 年全球的下载量高达 14 亿次，而 2010 年这一数字仅有 1100 万。

随着移动互联网、物联网及视联网的发展，增强现实技术，尤其是移动增强现实技术成为一个炙手可热的新兴领域，有着巨大的市场价值。

9.3.3　移动增强现实系统的构成

增强现实系统通常由虚拟图形渲染模块、摄像机跟踪定位模块、三维注册模块和显示模块 4 个部分组成。移动增强现实系统在这 4 部分的基础上，还应该由移动计算平台、无线网络设备和数据存储访问组成。图 9.18 为移动增强现实系统框架。

图 9.18　移动增强现实系统框架

移动增强现实系统的工作流程如下。

1）通过摄像机等图像捕获设备获取真实场景信息。

2）通过跟踪技术进行分析，得到注册信息。

3）在得到注册信息的前提下，通过实时渲染技术显示虚拟信息。

4）虚拟信息和真实场景进行无缝融合。

5）通过显示设备将虚实结合的场景绘制出来。

9.3.4 移动增强现实技术的应用

目前，移动增强现实已经覆盖了众多领域，如在医疗、电子商务、导航、教学培训及商业和广告等方面。

1）在医疗领域的应用。移动增强现实技术早已应用于医疗领域。初创公司 AccuVein 已成功地将增强现实技术应用于静脉注射。AccuVein 的营销专家文尼·卢西亚诺（Vinny Luciano）认为 40%的静脉注射第一次很难成功，当患者是儿童和老年人时，要想一次性注射成功就更难了。AccuVein 使用增强现实技术和手持式扫描仪，向护士和医生展示患者身体中静脉的位置。这类技术可以将第一次就找准静脉的可能性提高 3.5 倍，为医疗人员提供辅助，并延伸他们的技能，如图 9.19 所示。

图 9.19 增强现实技术辅助静脉注射

2）在电子商务领域的应用。例如，北京地铁站已经出现了虚拟的购物超市，当消费者想要购买某种商品的时候，消费者只需要用手机拍摄物品，然后发送给服务商，这样服务商就可以将消费者购买的物品直接送货上门。

3）在导航领域的应用。国外已经在新开发的 GPS 软件上应用了增强现实技术，用户只需把这款 GPS 安装在车辆上，就可以在前方道路上看到叠加后的方向和路况信息，这样就可以实时指引驾驶人，给驾驶人提供非常好的驾驶感受。

4）在教学培训领域的应用。国外已经在移动设备上开发出了一些软件，在化学、地理等一些教学科目中，利用移动增强现实技术对三维的分子结构或空间星系进行增强，这样可以加深学生对这些知识的理解。

近年来，移动增强现实技术在古迹重建方面也有应用，如当游客去圆明园游览时，借助移动增强现实技术可以看到圆明园被烧毁之前的样子，这样就加深了游客对古迹的理解。

5）在商业和广告领域，移动增强现实技术可以提高大众对商品的关注度，如 iButterfly 就是一款在 iPhone 上的应用，该应用借助移动增强现实技术，可以对旅游和餐饮业做很好的宣传。

9.4 增强现实技术的开发工具

增强现实不是通过摄像头拍摄产生的，确切地说，增强现实调用了摄像头。增强现实开发的软件有很多，如 Unity 3D、Flash、C＋＋。为降低增强现实应用开发的复杂性，许多研究组织陆续提出用于处理 AR 底层任务的工具包，这些工具包中包含增强现实开发中涉及的最基本的模式识别、坐标转换和视频合并等功能。常用的增强现实开发工具包有 Vuforia SDK、Wikitude SDK、HiAR SDK、ARToolkit、OpenCV 等。本节以 Vuforia SDK 为例详细阐述增强现实在 Unity 3D 中的实现流程。

9.4.1　Vuforia SDK 的下载与导入

Vuforia 是一款专门针对移动设备的增强现实软件开发包。开发者可以使用当今主流的移动游戏引擎 Unity 3D 来实现跨平台开发。

Vuforia SDK 发展至今发行过很多版本，其中以 Vuforia SDK4.0 应用较为广泛，该版本支持 iOS 和 Android，并具有物体识别和对象扫描器的特点。目前，Vuforia SDK 已经更新到 7.0 版本。

1．下载 Vuforia SDK

打开 Vuforia 官网 https://developer.vuforia.com/，注册成为 Vuforia 用户。注册成功后，选择"Downloads"→"SDK"→"Download Unity Extension（legacy）"命令。本节使用的 Vuforia SDK 版本为 Vuforia 7，扩展名为.unitypackage 的 unity 插件包，如图 9.20 所示。

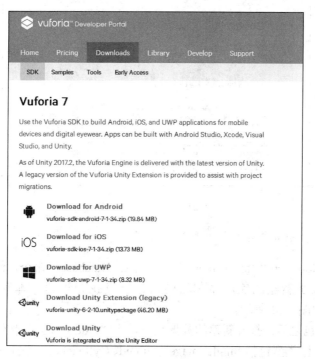

图 9.20　Vuforia SDK 的下载

虚拟现实与增强现实应用基础

2．导入 Vuforia SDK 开发包

在 Unity 3D 中新建一个项目，将下载的 Vuforia SDK 导入 Unity 中，在导入的过程中，如果出现"API Update Required"窗口，单击"I Made a Backup. Go Ahead!"按钮即可。

9.4.2　在 Unity 3D 中创建图片识别案例

【例 9.1】在 Unity 3D 中实现骨骼的增强现实效果。

1．获取 License Key

登录 Vuforia 官网，选择"Develop"→"License Manager"→"Add License Key"→"Development"命令，获取 License Key，用户指定 APP name，本例中指定为"AR_Bones"，单击"Next"按钮，得到最终的 License Key，如图 9.21 所示。

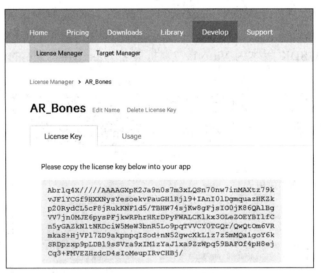

图 9.21　获取 License Key

2．建立目标数据库并添加识别目标图片

选择"Develop"→"TargetManager"→"AddDatabase"命令，然后给创建的数据包命名，名称应于新建的应用名称相同，便于查找和管理。本例中数据包命名为"AR_Bones"，如图 9.22 所示。

创建好数据包之后，打开新建的数据包，单击"Add Target"按钮添加识别目标。Vuforia 支持的目标类型包括 Single Image、Cuboid、Cylinder、3D Object，以 Single Image

262

举例，在 File 中选择要添加目标的图片，图像尽量清晰，识别度较高，然后设置图像的 Width，并给图像命名，不能使用中文命名，然后单击"Add"按钮，如图 9.23 所示。

图 9.22　给数据库命名为 AR_Bones　　　　图 9.23　"Add Target"对话框

本例中上传了一张图像并命名为 bones。上传后的图像通过识别度来显示图像的质量，星号越高代表识别度越高，图像就越容易被识别，如图 9.24 所示。

图 9.24　添加后的目标图片

3. 导出新建应用的数据包

选中已上传的图片，单击"Download Database"按钮，在打开的窗口中选择开发平台为"Unity Editor"，单击"Download"按钮并导入 Unity 工程中，如图 9.25 所示。

4. 在 Unity 3D 中设置相关属性参数

将步骤 3 导出的数据库包导入 Unity 3D 项目环境下，同时在 Unity 的"Project"面板中选择"Vuforia"→"Prefabs"命令，并将"ARCamera"和"Image Target"两个预制件拖入"Hierarchy"面板中，同时将场景自带的"Main Camera"删除，如图 9.26 所示。

图 9.25　选择"Unity Editor"开发平台　　　图 9.26　ARCamera 和 ImageTarget 的设置

预制件"ARCamera"上带有 AR 摄像机及 APP 相关设置；预制件"ImageTarget"代表一张识别图像，并且带有识别事件处理等相关脚本。选中"ARCamera"，在"Inspector"面板中添加 License Key，将之前获取的 License Key 粘贴过来，并且勾选 Datasets 的"Load AR_Bones Database"和"Activate"复选框，如图 9.27 所示。选择"ImageTarget"，在"Inspector"面板中修改"Database"为 AR_Bones，修改"ImageTarget"为 bones，如图 9.28 所示。

5. 在 ImageTarget 上建立三维模型

选择"ImageTarget"命令，将做好的骨骼模型导成 FBX 格式文件，然后导入 Unity 3D 中，使导入的三维模型成为 ImageTarget 的子物体，如图 9.29 所示。

Vuforia	
App License Key	Abrlq4X/////AAAAGXpK2Ja9n0s7m3xLQSn70nw7inMAXtz79k vJF1YCGf9HXXNysYesoekvPauGH1Rjl9+IAnI0lDgmquazHKZk p20RvdCL5cF8iRukKNF1d5/TBHW74siKw8aFisIO0iK86OAlBa
Delayed Initialization	☐
Camera Device Mode	MODE_DEFAULT
Max Simultaneous Tracked Images	1
Max Simultaneous Tracked Objects	1
Load Object Targets on Detection	☐
Camera Direction	CAMERA_DEFAULT
Mirror Video Background	DEFAULT
Digital Eyewear	
Eyewear Type	None
Datasets	
Load AR_Bonse Database	☑
Activate	☑

图 9.27　摄像机属性设置

图 9.28　ImageTarget 属性设置　　　　图 9.29　在目标模板上导入三维模型

6．运行

在 Unity 3D 中单击"播放"按钮来测试效果，如图 9.30 所示。

在 Unity 3D 中，可以在 ImageTarget 上手动创建立体模型，或者将 3ds Max 做好的模型导入 Unity 3D 中。也可以在 Unity 3D 的资源商店里下载已经存在的模型，然后导入项目中。

【例 9.2】在 Unity 3D 中实现心脏的增强现实效果。

1）资源模型的下载与导入。选择资源商店，找到需要的模型进行下载，资源商店中的模型有免费版本和付费版本两种。下载成功后，直接导入 Unity 3D 中，如图 9.31 所示。

2）拖动预制体使其成为 ImageTarget 的子物体。导入成功后，找到预制体文件夹，将"心脏"的预制体拖动到"Hierarchy"面板的"ImageTarget"目录下,使心脏模型成为 ImageTarget 的子物体,如图 9.32 所示。

图 9.30　骨骼模型运行效果图　　　　　　　　　图 9.31　导入心脏资源模型

图 9.32　心脏模型成为模板图片的子物体

3)运行效果。在 Unity 3D 中单击"播放"按钮来测试效果,如图 9.33 所示。

图 9.33　心脏模型的增强现实效果图

9.4.3 案例的发布

1. 安装 JDK 和 Android SDK，并配置环境变量

环境变量的配置方法为，选择"计算机"→"属性"→"高级系统设置"→"环境变量"→"新建系统变量"→"确定"命令。变量 1 名为 JAVA_HOME，变量值为 C:\Program Files\Java\jdk1.7.0_15。变量 2 名为 CLASSPATH，变量值为;%JAVA_HOME%\lib\dt.jar;%JAVA_HOME%\lib\tools.jar;，双击系统变量 Path，在最后面添加;%JAVA_HOME%\ bin;%JAVA_HOME%\jre\bin。JDK 的下载地址为 http://www.oracle.com/technetwork/cn/java/javase/downloads/index.html。

安装 Android SDK。本例中安装的是 android-sdk_r24.4.1-windows。安装完成后，将 Android 的 platform tools 和 tools 分别加入系统的环境变量中。

2. 在 Unity 3D 中设置发布参数

选择"Edit"→"Preferences"→"external tools"命令，设置 Android 的 SDK 和 JDK 路径，如图 9.34 所示。Android SDK 路径和环境变量中的路径设置需保持一致。

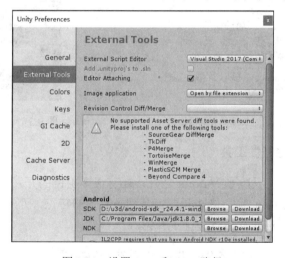

图 9.34　设置 SDK 和 JDK 路径

选择"File"→"Bulid settings"命令，选择发布方式为 Android，确保 Unity 小图标在 Android 右侧出现，如图 9.35 所示。

然后单击"Player Settings"按钮，在"Inpspector"面板修改"Identification"属性的"PackageName"为 com.cmucc.heart，并且选择合适的 Minimum API Level，这指的是选择用户要发布的 APK 文件的运行环境，如图 9.36 所示，单击"build"按钮就可发布 APK 文件。

图 9.35　选择发布平台

APK 文件发布成功后要在 Android 手机上安装 Demo 软件，安装成功后，如图 9.37 所示。打开 ARdemo，在计算机中打开 Unity 发布时用到 heart 图片，当用手机摄像头识别二维心脏图片时，能在图片上看到立体心脏的模型，如图 9.37 所示。

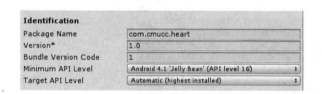

图 9.36　设置 API 运行环境标准

图 9.37　心脏的 AR 实现效果

9.4.4　增强现实其他开发工具

增强现实的开发工具除了 Vuforia 之外，还有很多出色的开发工具，如 ARToolkit、Wikitude、Layar、Kudan 等，这些开发工具都各有各的特点，互不相同，具体如表 9.4 所示，对这些增强现实开发工具进行了介绍。

表 9.4　增强现实开发工具比较表

AR 框架	公司	软件使用许可	支持的平台
ARToolKit	DAQRI	免费	Android、iOS、Windows、Linux、Mac OS X、SGI
Vuforia	QUALCOMM	免费、商业收费	Android、iOS、Unity
Wikitude	Wikitude GmbH	商业收费	Android、iOS、Google Glass、Epson Moverio、Vuzix M-100、Optinvent ORA1、PhoneGap、Titanium、Xamarin
Layar	BlippAR Group	商业收费	Android、iOS、BlackBerry
Kudan	Kudan Limited	商业收费	Android、iOS、Unity

ARToolKit 是目前广泛应用于增强现实系统开发的开源工具包，它是一个 C/C++语言编写的库，由日本广岛城市大学和美国华盛顿大学联合开发，其目的是用于快速开发增强现实应用。它的一个重要特点就是基于标志物的视频检测。标志模板采用封闭的黑色正方形外框、内部区域是白色的，白色区域为任意图形或图像，用户可以自己定义图案。ARToolKit 利用标志物，将摄像机坐标系与实际的场景坐标系对应，并与视频中虚拟三维坐标系结合，最终完成真实物体的绘制，具体绘制方法用 OpenGL 来实现。在标志物检测时，会用到标志物模式文件，它是利用相应的应用程序提前制作好的。

　　Layar 于 2009 年开发，是第一个迅速得到国际关注的移动增强现实开发平台。Layar 开放的开发平台吸引了成千上万的来自全球各地的开发人员，促使他们创建基于增强现实技术的内容，并且提供了 iOS 和 Android 手机 APP 浏览器的下载，使 Layar 成为世界上受欢迎的基于增强现实技术的平台之一。它支持图像识别，可以根据用户位置和识别的图像进行映射额外元素。但是它所有的工作都是基于服务器进行的，因此并不灵活。

　　此外，开源库 BazAR，可以用来做一些无标记的增强现实应用；芬兰的开源库 ALVAR，可以支持多个标志物或者无标志物的特征识别与跟踪，同时还支持多个计算机平台及移动平台的编译和运行，使用也非常方便；国内的增强现实开发工具有 EasyAR，但不是开源的。总之，增强现实开发的工具多种多样，具体应用哪种工具还要根据需求去选择。

9.5　增强现实技术的主要应用领域

　　与虚拟现实技术相比，增强现实技术的应用领域更加广泛。因为虚拟现实具有沉浸式的特点，因此也同时遮挡了用户对外界环境的感知。然而，增强现实系统并没有将用户与外界环境隔离开，它既可以感知到虚拟对象，同时也能够感知到外部真实环境。近年来，增强现实技术的应用已经覆盖了众多领域，如医疗、教育、交通、军事、游戏等。增强现实技术在医学中的应用主要是在手术导航、手术模拟训练、虚拟人体解剖、康复医疗及远程手术灯等领域。

9.5.1　医疗领域

　　以基于增强现实的外科手术导航系统为例，通过增强现实技术，医生可以对外科手术进行可视化辅助操作及训练。外科医生借助 CT、MRI 获取患者的三维数据信息，增强现实系统可以利用计算机将人体结构解剖数据可视化处理，并将虚拟影像实时准确地显示到患者身体的局部位置。外科医生不仅能够对患者的患病部位进行实时检查，而且可以获得此时患病部位内部解剖结构信息，帮助医生对手术部位进行精确定位，提高手术的完成质量。

例如，哈尔滨医科大学附属第二医院肝胆胰、腔镜外科的一台手术上就应用了增强现实技术。手术中医生佩戴上增强现实眼镜后，一个虚拟却又无比逼真的患者病变器官就展现在了医生眼前，如图 9.38（a）所示。医生对病变部位情况和手术室真实环境尽收眼底，并且通过特定手势可以对虚拟图像进行交互，将虚拟图像与实际体位完美结合，从而对被血管重重包围的肿物进行精准定位，最终将本来无法切除的肿物顺利切除，完成了增强现实 3D 可视化指导下的腹膜后肿物切除手术，如图 9.38（b）所示。

　　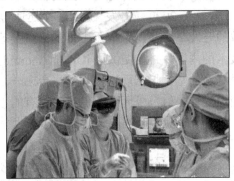

（a）虚拟图像与实际病灶结合　　　　　　　　（b）医生通过手势与虚拟图像交互

图 9.38　增强现实技术助力医疗手术

基于增强现实的外科手术导航系统框架图如图 9.39 所示，主要包括三维重建部分、视觉定位部分、虚实配准部分。系统中摄像机 A 和摄像机 B 用于对空间点的定位，两者构成了双目立体定位系统；摄像机 C（场景摄像机）用于拍摄真实场景。系统主要通过双目视觉定位获取标志点的真实空间坐标，并对场景摄像机拍摄到的图像进行校正，通过摄像机标定获取其姿态参数及内部参数，并在计算机中模拟这些参数，将重建的虚拟模型注册到真实场景图像中的对应位置，实现虚实融合并显示给外科医生，从而达到增强现实的目的。

基于增强现实的外科手术导航系统的工作流程具体如下。

1）模拟手术前，预先对 CT 图像进行重建获得虚拟三维物体模型。

2）在模拟手术现场，利用正交坐标模板对摄像机 A 和摄像机 B 进行定标，两个摄像机构成了双目立体视觉系统，用于对空间点的定位。

3）利用双目定位系统定位扫描设备，获得虚拟物体在真实场景中的位置。

4）通过摄像机 A 和摄像机 B 采集图像，用户通过与计算机交互选取摄像机 A 和摄像机 B 拍摄图像上的标志点，选取的标志点必须在摄像机 A 和摄像机 B 的公共视野内，从而获得标志点真实场景空间中的 3D 坐标。

5）场景摄像机 C 拍摄真实场景景象，把拍摄到的真实场景图像输入计算机，获取标志点图像空间坐标，再结合标志点的真实空间坐标，对场景摄像机 C 进行定标，获得真实场景空间、图像坐标系之间的转换关系。

图 9.39　基于增强现实的外科手术导航系统框架图

6）对摄像机 C 拍摄的场景图像进行非线性校正，恢复真正的透视投影图像，校正后的图像作为虚实配准的场景图像。

7）根据步骤 3）和步骤 5）中所得的转换关系获得虚拟模型上的 3D 点与场景图像平面 2D 点的映射关系，设定所要叠加的虚拟物体在图像平面的大小和方向，将重建的虚拟物体导入，实现三维注册和虚实融合显示。

实验过程及数据来源具体如下。

以三维人头模型作为研究对象，模拟手术过程。三维注册需要的实验数据主要包括两个部分，即虚拟模型的三维数据和真实场景的二维图像。计算机要根据医疗切片数据才能重建出虚拟三维模型，实验选用的是 CT 数据，而真实场景图像是由摄像机拍摄到的 768 像素×580 像素的 24 位的真彩色图像。

1）在人头模型上贴上 13 个特征点，分别位于人头的特征位置，如下颚、鼻尖、脸颊两侧、耳朵、头顶等位置。

2）通过摄像机 A 和摄像机 B 构成的双目定位系统对 13 个标志点定位，进行 10 次实验，获得 13 个标志点在真实空间中的三维坐标，如表 9.5 所示。

表 9.5　标志点在真实空间中的三维坐标

标志点	立体定位获得 3D 坐标（x, y, z）	标志点	立体定位获得 3D 坐标（x, y, z）
0	（−13.355, 20.422, 24.932）	7	（−21.094, 20.344, 10.454）
1	（−18.742, 17.012, 23.287）	8	（−22.284, 16.491, 10.542）
2	（−16.869, 12.726, 21.18）	9	（−18.246, 13.536, 10.639）
3	（−21.096, 20.373, 21.556）	10	（−20.112, 17.022, 6.777）
4	（−23.346, 23.346, 18.477）	11	（−16.042, 14.431, 5.355）
5	（−23.663, 21.369, 16.092）	12	（−18.209, 19.687, 4.822）
6	（−19.820, 11.583, 15.512）	—	—

3）摄像机 C 拍摄人头模型场景图像，对拍摄的场景失真图像进行校正。

4）利用步骤 3）中定位出的标志点的 3D 坐标，结合摄像机 C 拍摄的图像坐标，完成对摄像机 C 的标定，获得人头模型的三维空间点到摄像机成像平面的投影关系，使人头表面的标志点注册（配准）到摄像机 C 拍摄的真实场景图像上，同时将虚拟模型上的其他所有点均与真实场景配准，最后将虚实配准的增强图像传送到显示器，实现增强显示的目的。

增强现实可以给医学生或缺乏临床经验的医务工作者提供一个安全、合适和低成本的培训环境，学习者在增强现实的环境中可以允许犯错，并且不会产生任何不良后果。增强现实技术应用于医学，可以解决人体尸体标本不足的问题，通过基于虚拟人构建出的人体数据库与影像学数据等多种信息的综合，借助相关增强现实设备实施教学，极大地减轻了教学压力。增强现实技术也将枯燥乏味的知识以立体的形式展现出来，使学习者可以从多个角度多层次学习知识。

9.5.2　教育领域

增强现实技术可以为学习者提供一种全新的学习工具。它不仅可以为师生提供一种面对面的沟通与合作平台，而且还可以让学生更加轻松地理解复杂概念，更加直观地观察到现实生活中无法观察到的事物及其变化。增强现实技术在教育领域的应用，将有利于培养学生知识迁移的能力，提高学习效率，激发学习兴趣。

1. 虚拟校园系统

随着计算机网络技术和校园信息化建设的快速发展，虚拟校园已经成为校园信息化建设的重要部分。利用最新的增强现实技术可以创设虚拟校园系统，三维的虚拟校园系统更加直观、生动形象。除了校园导航的功能，校园对外形象宣传、招生宣传等功能都可以应用到虚拟校园系统中。在增强的内容上可以添加一些校园目前不存在的对象，或未来可能将设置的建筑等。当用户戴上头盔显示器走在真实的校园里，将看到一个增强之后的校园环境，包括校园原来的面貌，也包括了校园未来的样子。

2．增强现实图书

增强现实可以对传统图书进行改进，在原有图书的基础上，对某些章节内容使用增强现实技术来阅读。基本方法就是将三维图形、音频、动画等形式加入平面的图书中，给旧书或者电子书添加新的活力。读者在阅读时，书中对应的故事突然出现在眼前，仿佛真实发生的一样，读者还可以与书中的角色进行互动，使读者体验一段奇妙的阅读经历。当学生在学习天文知识时，可以通过增强现实技术去识别行星、恒星、星座及各种各样的天体，如图 9.40 所示，有助于学习者更好地理解苦涩难懂的知识。

3．协作学习

协作学习（collaborative learning）是一种通过小组或者团队的形式，组织学生协作完成某种既定学习任务的教学形式。

Construct3D 就是一种典型的用于数学和几何学教育的三维协作式构建工具。利用这种工具，参与者可以在三维空间中看到三维的物体，但是在此之前，这些三维模型必须用传统的方法计算构建出来。因此，增强现实可以提供给参与者面对面协作和远程协作，如图 9.41 所示。

图 9.40　增强现实解读天文信息

图 9.41　增强现实协作学习案例

9.5.3　交通领域

增强现实技术在交通领域的应用主要表现在 GPS 导航、防止撞击、危险标记和事故记录分析 4 个方面。

GPS 导航是指将导航直接叠加在视野中，直接看向前方，避免了低头看手机或汽车导航造成事故的危险，如图 9.42 所示。防止撞击是指不论是使用自动驾驶车辆还是增强现实辅助驾驶，计算机视觉对潜在危险的检测和反应都比人类更加迅速。危险标记是驾驶人或乘客对危险或需要减速的路况进行标记，其他的增强现实用户也可以获得提醒，以此减少事故的发生。事故记录分析是指增强现实用户可以从自身的视角进行记录，为确定事故原因提供更多的证据。

图 9.42　增强现实技术应用于 GPS 导航

9.5.4　军事领域

20 世纪 90 年代初期，增强现实技术被提出后，美国就率先将其用于军事领域。最近几年，增强现实技术已被应用在军事领域的多个方面，并发挥着巨大的作用。目前，增强现实技术在军事领域的应用主要体现在军事训练、增强战场环境及作战指挥等方面。

增强现实为部队的训练提供了新的方法。例如，增强后的军事训练系统，可以给军事训练提供更加真实的战场环境。士兵在训练时，不仅能够看到真实的场景，而且可以看到场景中增强后的虚拟信息。此外，部队还可以利用增强现实来增强战场环境信息，把虚拟对象融合到真实环境中，可以让战场环境更加真实。最后，增强现实也已经应用于作战指挥系统中。通过增强现实作战指挥系统，各级指挥员共同观看并讨论战场，最重要的是还可以和虚拟场景进行交互，如图 9.43 所示。

图 9.43　增强现实技术在军事领域的应用

9.5.5　游戏领域

增强现实技术的发展极大地影响了游戏领域。增强现实技术在游戏领域的应用主要是可以产生立体的虚拟对象,在现实世界的地图中叠加一个游戏层,让玩家以全新的方式体验现实世界,并且可以与其他玩家见面。将游戏动态应用于现实活动中,让任何事情都可以形成竞争机制。通过动态的虚拟形象反映用户的真实表情和性格特点。例如,通过创建一个时刻伴随着你的增强现实宠物,可以与其他人的宠物展开互动。娱乐的形式是多元化的,除了游戏的表现形式外,还可以电视、电影的形式体现,如在在直播画面上方叠加游戏和玩家信息。增强现实技术主要应用在增强版的计算机和主机游戏中,当显示器还在大量使用时,可以在原有的屏幕上叠加一个增强现实层显示附加信息,当增强现实技术达到一定水平,用户就可以在任何地点随意创造显示屏,让计算机和主机游戏成为真正的便携式。随着移动设备的迅速发展,基于移动设备的增强现实的游戏也层出不穷,如图 9.44 所示。

图 9.44　增强现实技术在游戏领域的应用

9.5.6　其他领域

增强现实技术在其他方面的应用也颇为热门。例如,在古迹复原和文化遗产保护领域的应用,用户可以借助头盔显示器,看到对于文物古迹的解说,也可以看到虚拟重构的残缺遗址;在旅游展览领域,人们在参观展览时,通过增强现实技术可以接收到与建筑相关的其他数据资料;在市政建设规划领域,可以将规划效果叠加到真实场景中直接获得规划效果,根据效果做出规划决策;在广告领域,通过增强现实技术可以实现更多有创意的广告和交互式的产品展示,使观众获取到更多信息。另外,增强现实技术还广泛应用于建筑施工、社交、室内装潢等领域。

9.6 增强现实技术的发展

众所周知，计算机已经经历了漫长的发展历史，从最早的大型机到台式机，从台式机到现在的平板计算机，从平板计算机再到目前的智能手机。而增强现实技术将会是未来的发展方向，它也将会是计算机发展的最终形式，如图 9.45 所示。

图 9.45 计算机的发展历程

增强现实技术的发展将受到来自技术、产品、行业、用户 4 方面的阻碍。然而，增强现实技术未来的发展将体现在软、硬件产品两大发展趋势上。

9.6.1 增强现实技术发展的阻碍因素

1. 技术

增强现实技术的核心技术，如三维注册技术（含计算机视觉技术）、用户交互技术等尚未成熟，影响着增强现实技术的推广。图像渲染技术和数据库建设标准不统一，数据共享存在阻碍。

2. 产品

在软件应用方面，增强现实手机应用创意性不足、内容有限，导致消费者黏性低。在硬件方面，智能手机在数据处理能力、GPS、镜头、电池等方面不能满足增强现实技术的需求，增强现实眼镜功能实用性亟待提升。

3. 行业

从参与者角度来讲，市场参与者以中小型企业为主，因缺少互联网巨头参与而热度较低。从盈利模式角度来看，中国增强现实行业处于市场启动期，以企业级用户的盈利为主，面向消费级用户的盈利模式尚未明确。

4．用户

消费级用户对增强现实技术的认知有限，对网络安全和实用性的顾虑影响增强现实软件产品和硬件产品的推广。

9.6.2　增强现实技术的发展趋势

1．软件产品的发展趋势

增强现实技术在软件产品上的发展将逐渐改变人们的生活方式。例如，Camera360图片美化 APP 借助增强现实技术探索盈利模式。巴黎欧莱雅"千妆魔镜"APP，手机淘宝"试妆魔镜"功能等都是针对女性用户的试妆、试衣的 APP，这些 APP 推动了增强现实技术在消费级市场落地。此外，基于位置、多用户参与的增强现实游戏将成为手游新亮点，如谷歌 Ingress 游戏。增强现实浏览器日益成熟，将形成新的广告营销生态圈，如德国 Metaio 公司推出的 Junaio AR 浏览器，用户将其安装在智能手机上，可以获得基于位置服务和图像服务的 AR 功能，可以方便快捷地找到附近的位置信息、城市中的活动信息、商品条形码扫描信息中隐藏的虚拟 3D 信息，也可以让用户不断体验酷炫增强现实游戏。正如 Junaio 所宣传的那样，每个人可以使用增强现实对身边的真实世界进行搜索，获得全新的体验。Junaio AR 浏览器如图 9.46 所示。

图 9.46　Junaio AR 浏览器

2．硬件产品的发展趋势

（1）HUD 产品

以前在使用 GPS 导航时，驾驶人必须查看屏幕上的地图，然后才能思考如何在现实世界中"按图索骥"。要在车流如织的环岛上寻找正确的出口，驾驶人的注意力必须在屏幕和路面之前来回切换，并在脑海中建立起两者之间的联系，才能找到合适的转弯时机。增强现实抬头显示器直接将导航画面叠加到驾驶人看到的实际路面上。这大大减少了头脑处理信息的负担，避免注意力分散，让人们专注于路面情况，将驾驶错误降到最低。

平视显示器（head up display，HUD）是目前普遍运用在航空器上的飞行辅助仪器，利用光学投影的原理，将重要的飞行相关资讯投射在一片玻璃上面。平视显示器能够在风窗玻璃或者中控台上方的投影屏上投影车速、导航信息等图像，通过与现实路况叠加辅助驾驶人驾驶车。平视显示器是一种增强现实技术，目前部分高端车型开始配备。未来几年内，车用平视显示器产品将不断推向市场，成为互联网巨头的新战场。平视显示器如图 9.47 所示。

（a）航空领域　　　　　　　　　　　　　　　（b）高端车领域

图 9.47　平视显示器的应用领域

事实上，宝马在 2003 年就已经有车型搭载平视显示器，而国内方面，平视显示器产品则多见于后装布局，如表 9.6 所示。

表 9.6　国内平视显示器几大应用品牌

品牌	图片	功能	交互方式
CarPlus		导航、微信、电话、行车记录仪	语音、按钮
Halo		导航、微信、电话、音乐、行车记录仪	手势、语音、虹膜识别（未来）

续表

品牌	图片	功能	交互方式
Carrobot（车萝卜）		导航、微信、音乐、电话	语音、手势
先锋 SPX-HUD 100		导航	遥控器

（2）教育类硬件产品

增强现实教育类智能硬件不断涌现，提升老用户的体验与用户黏度。其中，小熊尼奥 AR 放大镜（图 9.48）就是教育类硬件产品的代表。随着增强现实同类产品增多，卡片类增强现实交互体验单调，儿童逐渐失去兴趣，而小熊尼奥则是一款"实物＋APP"的增强现实产品，该产品与主流的眼睛类增强现实产品不同，为了保护儿童视力，采用了一款类似放大镜的造型，同时也摒弃了移动设备上 APP 的设计，做出了实体硬件，同时还考虑到提高儿童的动手能力及产品的易用性。该产品的实现原理是通过内置适用于增强显示捕捉的高清摄像头，利用增强现实技术从自然事物中捕捉画面，呈现出立体三维动态影像，给儿童带来类似"魔法"的体验。

图 9.48　小熊尼奥 AR 放大镜

（3）增强现实眼镜

增强现实眼镜将向实时运算、环境感知、小型化、便携化进行演进，改变人们介入互联网的方式。

在增强现实领域比较有名的微软 HoloLens、MagicLeap、Meta 及以色列的 Lumus 等都在致力于推出更符合用户体验的眼镜，如图 9.49 所示。HoloLens 全息眼镜由微软公司于2015年1月22日发布，2016年3月发布消费者版本，价格为3000美元。HoloLens的功能定位是通过增强现实技术使用户拥有良好的交互体验。MagicLeap于2011年在美国成立，是一个类似微软HoloLens的增强现实平台，主要研发方向是将三维图像投射到人的视野中，采用技术难度极大的光场技术。Meta采用独特的技术，可以使用户通过双手控制3D内容，即自己就成为操作系统。其目标是让用户和虚拟物体之间的互动成为真实世界体验的一个无缝扩展，建立一个比Macintosh容易使用100倍的操作系统。2016年5月，Lumus宣布获得来自盛大投资和水晶光电的1500万美元B轮融资。该公司的主要技术之一是波导光学元件，是一种将画面投射到特殊透明屏幕上的技术元件。

（a）HoloLens

（b）MagicLeap

（c）Meta

（d）Lumus

图9.49　AR眼镜

（4）其他硬件产品

透明液晶面板、景深摄像头、计算机视觉处理推广后，将从产业链上游改变增强现实应用格局。此类产品有谷歌Tango、三星镜面屏幕与透明屏幕。

谷歌Tango，最早称为Project Tango，是Google ATAP团队（高精尖科技项目组）的一个研发项目。此项目试图将人类对周遭空间与动态的感知能力赋予移动设备，让设备像人一样知道如何使用眼睛（摄像头）找到去一个房间的路径，知道人在房间在什么位置，知道地板、墙壁和人周围的物体在什么位置，形状大小尺寸又是怎样的。Tango的三大核心技术为运动追踪技术、场景学习技术和深度感知技术。Tango是人机交互上新的突破，让机器具备感知周围环境的能力，这完全符合谷歌一直以来在人工智能上的布局。让机器来帮你"看穿世界"，也印证了谷歌推行的"AI first"（人工智能优先）时代的到来。图 9.50 为智能设备利用 Tango 读懂周围环境的应用。

图 9.50 Tango 的应用

三星镜面屏幕与透明屏幕已正式投入商用，如图 9.51 所示。这款显示屏采用 OLED 材质，显示更加锐利、清晰。同时，在发廊中，这些显示屏会显示不同的风格、颜色及各种各样的发型、装束等，供用户挑选，不用的时候，它就是一面镜子。同时这款显示屏还支持英特尔的 3D Real Sense 实感技术，帮助用户去构建一个虚拟的三维场景，利用丰富的背景，也可以对发型进行模型演示。

（a）发廊中　　　　　　　　　　　　　　（b）珠宝购物体现

图 9.51 增强现实镜面透明屏幕的应用

总之，增强现实技术将逐渐改变人们的生活方式。在各个领域，这项新兴的技术都发挥着它的巨大潜力，不断创造出非凡的成就。尽管增强现实技术在过去的 20 多年里已经取得了一定的进步，但是它还是面临着许多新的难题。例如，大多数增强现实系统运用在已经预知的环境中，在非预知环境中的增强现实系统极其缺少。此外，用户对于设备的依赖也使系统过于笨重，当处于户外环境时，用户必须携带计算机、传感器、显示器等多种设备，这样就会造成诸多不便。因此，如何解决系统的微型化和低能耗问题，也是非常重要的一个研究方向。增强现实技术将来还会有更长更远的路要走。

本 章 小 结

增强现实技术是智能医学的重要组成部分。本章首先介绍了增强现实技术的基本概念，包括其定义及特征，讨论了增强现实系统的核心技术和移动增强现实的概念，介绍了增强现实系统的开发工具；然后讨论了增强现实技术在多个领域的应用；最后讨论了增强现实技术阻碍因素和发展趋势，并说明增强现实将逐渐改变人类与外界的交互方式。增强现实与虚拟现实，归根结底是两种新型的交互模式。对比这两种模式，与现实结合更密切的是增强现实技术，未来的世界将是增强现实的世界。其中，增强现实技术的发展势必也将推动医学技术的发展，造福人类。

【注释】

1. 融合器：专门用于把画面中间部分边缘融合，使中间没有明显的缝，看上去就是一个整的画面。融合器又称边缘融合器、环幕融合器、投影拼接器、硬件融合器。

2. PDA（personal digital assistant）：又称为掌上计算机，可以帮助人们完成在移动中工作、学习、娱乐等。按使用来分类，PDA分为工业级PDA和消费品PDA。工业级PDA主要应用于工业领域，常见的条码扫描器、RFID读写器、POS机等都可以称作PDA；消费品PDA包括智能手机、平板计算机、手持式游戏机等。

3. 用户黏度：指增加用户双方彼此的使用数量，是衡量用户忠诚度的重要指标。

参 考 文 献

博智书苑，2012. 新手学 3ds max 完全学习宝典[M]. 上海：上海科学普及出版社.

才思远，2015. 虚拟立体声系统研究[D]. 大连：大连理工大学.

蔡辉跃，2013. 虚拟场景的立体显示技术研究[D]. 南京：南京邮电大学.

陈娟，2014. 面部表情识别研究[D]. 西安：西安科技大学.

陈拥军，2006. 真三维立体显示静态成像技术研究[D]. 南京：南京航空航天大学.

范景泽，2013. 新手学 3ds max 2013（实例版）[M]. 北京：电子工业出版社.

傅春瑜，刘珥，金平，等，2016. 医院智能化的三维全景导航系统构架与实现[J]. 中国数字医学，11（8）：89-91.

黄海，2014. 虚拟现实技术[M]. 北京：北京邮电大学出版社.

黄园刚，2014. 基于非侵入式的眼动跟踪研究与实现[D]. 成都：电子科技大学.

金玺曾，2014. Unity3D\2D 手机游戏开发[M]. 2 版. 北京：清华大学出版社.

李文霞，司占军，顾翀，2013. 浅谈增强现实技术[J]. 电脑知识与技术，19（28）：6411-6414.

李征，2014. 分布式虚拟现实系统中的资源管理和网络传输[D]. 开封：河南大学.

刘方洲，2014. 语音识别关键技术及其改进算法研究[D]. 西安：长安大学.

刘光然，2011. 虚拟现实技术[M]. 北京：清华大学出版社.

刘万奎，刘越，2016. 用于增强现实的光照估计研究综述[J]. 计算机辅助设计与图形学学报，28（2）：197-207.

娄岩，2015. 医学虚拟现实技术与应用[M]. 北京：科学出版社.

娄岩，2016. 虚拟现实与增强现实技术概论[M]. 北京：清华大学出版社.

娄岩，2016. 虚拟现实与增强现实技术概论实验指导与习题集[M]. 北京：清华大学出版社.

娄岩，2017. 虚拟现实与增强现实技术导论[M]. 北京：科学出版社.

娄岩，2017. 虚拟现实与增强现实应用指南[M]. 北京：科学出版社.

罗斌，王涌天，沈浩，等，2013. 增强现实混合跟踪技术综述[J]. 自动化学报，39（8）：1185-1201.

麻兴东，2015. 增强现实的系统结构与关键技术研究[J]. 无线互联科技（10）：132-133.

倪晓赟，郑建荣，周炜，2009. 增强现实系统软件平台的设计与实现[J]. 计算机工程与设计，30（9）：2297-2300.

潘一潇，2014. 基于深度图像的三维建模技术研究[D]. 长沙：中南大学.

饶玲珊，林寅，杨旭波，等，2012. 增强现实游戏的场景重建和运动物体跟踪技术[J]. 计算机工程与应用，48（9）：198-200.

单超杰，2013. 皮影人物造型与三维建模技术结合的创新研究[D]. 上海：东华大学.

时代印象，2013. 3ds Max 2014 完全自学教程[M]. 北京：人民邮电出版社.

宋城虎，2013. 虚拟场景中软体碰撞检测的研究[D]. 开封：河南大学.

苏会卫，李佳楠，许霞，2015. 增强现实技术的虚拟景区信息系统[J]. 华侨大学学报（自然科学版），36（4）：432-436.

孙源，陈靖，2012. 智能手机的移动增强现实技术研究[J]. 计算机科学，39（6A）：493-498.

同晓娟，2013. 虚拟环绕声技术研究[D]. 西安：西安建筑科技大学.

王聪，2013. 增强现实与虚拟现实技术的区别和联系[J]. 信息技术与标准化（5）：59-63.

王广新，2012. 焦虑障碍的虚拟现实暴露疗法研究述评[J]. 心理科学进展，20（8）：1277-1286.

吴彬，2013. Unity 4. x 从入门到精通[M]. 北京：中国铁道出版社.

肖雷，2015. 基于虚拟现实的触觉交互系统稳定性研究[D]. 南昌：南昌大学.

肖嵩，杜建超，2014. 计算机图形学原理及应用[M]. 西安：西安电子科技大学出版社.

宣雨松，2012．Unity3D 游戏开发[M]．北京：人民邮电出版社．

薛松，翁冬冬，刘越，等，2015．增强现实游戏交互模式对比[J]．计算机辅助设计与图形学学报（12）：2402-2409．

余超，2015．基于视觉的手势识别研究[D]．合肥：中国科学技术大学．

臧东宁，2015．光栅式自由立体显示技术研究[D]．杭州：浙江大学．

张晗，2011．虚拟现实技术在医学教育中的应用研究[D]．济南：山东师范大学．

张璐，2013．基于虚拟现实技术的用户界面设计与研究[D]．上海：东华大学．

张子群，2004．基于 VRML 的远程虚拟医学教育应用[D]．上海：复旦大学．

赵群，娄岩，2014．医学虚拟现实技术与应用[M]．北京：人民邮电出版社．

钟慧娟，刘肖琳，吴晓莉，2008．增强现实系统及其关键技术研究[J]．计算机仿真，25（1）：252-255．

周见光，石刚，马小虎，2012．增强现实系统中的虚拟交互方法[J]．计算机工程，38（1）：251-252．

周忠，周颐，肖江剑，2015．虚拟现实增强技术综述[J]．中国科学：信息科学，45（2）：157-180．

朱恩成，蒋昊东，高明远，2015．增强现实在军事模拟训练中的应用研究[C]．中国指挥控制大会．第三届中国指挥控制大会论文集（下册）．北京：国防工业出版社．